4주 완성 스케줄표

공부한 날		주	일	학습 내용
월	일	**1**주	도입	이번 주에는 무엇을 공부할까?
			1일	90보다 10만큼 더 큰 수, 몇백
월	일		2일	세 자리 수, 각 자리의 숫자가 나타내는 값
월	일		3일	뛰어서 세기, 수의 크기 비교
월	일		4일	○ 알아보기, △ 알아보기
월	일		5일	□ 알아보기, 칠교판으로 모양 만들기
			평가 / 특강	누구나 100점 맞는 테스트 / 창의·융합·코딩
월	일	**2**주	도입	이번 주에는 무엇을 공부할까?
			1일	⬠, ⬡ 알아보기
월	일		2일	똑같은 모양으로 쌓기, 여러 가지 모양으로 쌓기
월	일		3일	덧셈(1), (2)
월	일		4일	덧셈(3), 뺄셈(1)
월	일		5일	뺄셈(2), (3)
			평가 / 특강	누구나 100점 맞는 테스트 / 창의·융합·코딩
월	일	**3**주	도입	이번 주에는 무엇을 공부할까?
			1일	여러 가지 방법으로 덧셈하기, 뺄셈하기
월	일		2일	덧셈과 뺄셈의 관계를 식으로 나타내기, □의 값 구하기
월	일		3일	여러 가지 단위로 길이 재기
월	일		4일	1cm 알아보기, 자로 길이 재기(1)
월	일		5일	자로 길이 재기(2), 길이 어림하기
			평가 / 특강	누구나 100점 맞는 테스트 / 창의·융합·코딩
월	일	**4**주	도입	이번 주에는 무엇을 공부할까?
			1일	분류하기, 기준에 따라 분류하기
월	일		2일	분류하여 세어 보기, 분류한 결과 말해 보기
월	일		3일	여러 가지 방법으로 세어 보기, 묶어 세어 보기
월	일		4일	2의 몇 배 알아보기(1), (2)
월	일		5일	곱셈식 알아보기, 곱셈식으로 나타내기
			평가 / 특강	누구나 100점 맞는 테스트 / 창의·융합·코딩

공부한 날을 표시하고 하루하루 학습 내용을 살펴보세요.

Chunjae
Makes
Chunjae

▼

기획총괄	박금옥
편집개발	윤경옥, 박초아, 김연정,
	김수정, 김유림
디자인총괄	김희정
표지디자인	윤순미, 여화경
내지디자인	박희춘, 이혜미
제작	황성진, 조규영

발행일	2023년 11월 15일 2판 2023년 11월 15일 1쇄
발행인	(주)천재교육
주소	서울시 금천구 가산로9길 54
신고번호	제2001-000018호
고객센터	1577-0902

똑 똑 한
하루
수학
2 A

배우고 때로 익히면
또한 기쁘지 아니한가.
- 공자 -

주별 Contents

똑똑한 하루 수학

이 책의 특징

도입 이번 주에는 무엇을 공부할까?

이번 주에 공부할 내용을 만화로 재미있게!

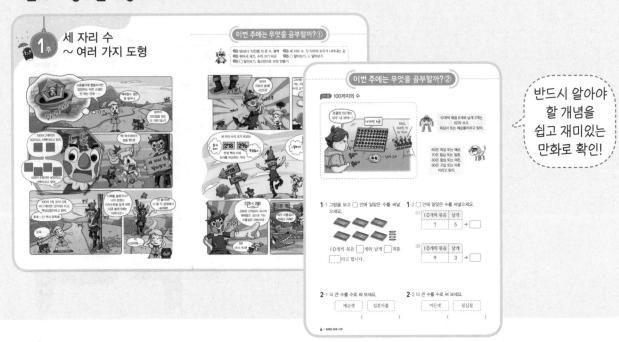

> 반드시 알아야
> 할 개념을
> 쉽고 재미있는
> 만화로 확인!

개념 완성 개념·원리 확인

교과서 개념을 만화로 쏙쏙!

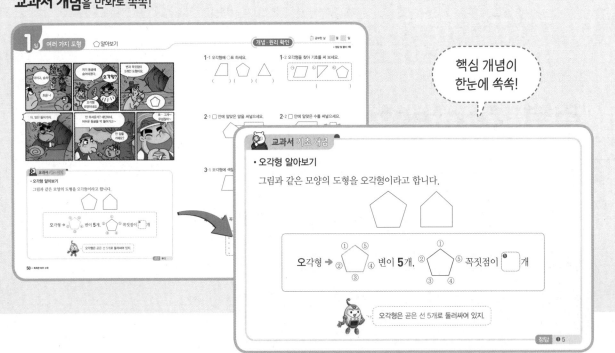

> 핵심 개념이
> 한눈에 쏙쏙!

기초 집중 연습

반드시 알아야 할 문제를 반복하여 완벽하게 익히기!

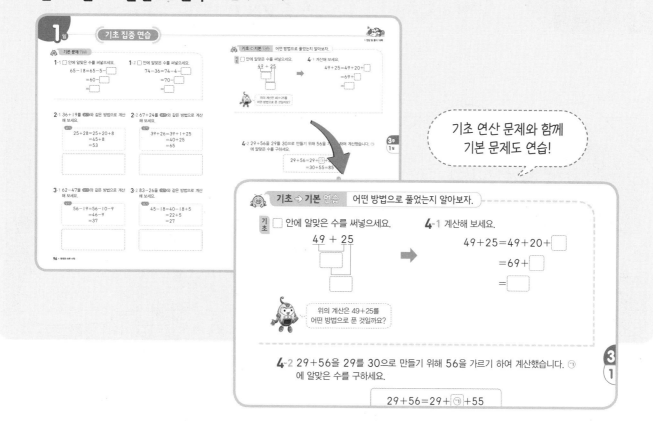

> 기초 연산 문제와 함께
> 기본 문제도 연습!

평가 + 창의·융합·코딩

한 주에 **배운 내용**을 **테스트**로 마무리!

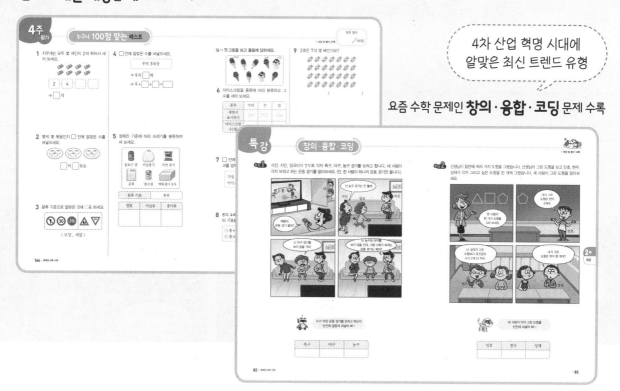

> 4차 산업 혁명 시대에
> 알맞은 최신 트렌드 유형

요즘 수학 문제인 **창의·융합·코딩** 문제 수록

1주 세 자리 수 ~ 여러 가지 도형

1일 90보다 10만큼 더 큰 수, 몇백   **2일** 세 자리 수, 각 자리의 숫자가 나타내는 값
3일 뛰어서 세기, 수의 크기 비교   **4일** ○ 알아보기, △ 알아보기
5일 □ 알아보기, 칠교판으로 모양 만들기

와우!! 자유의 냄새!! 신난다!!

꺄아
꺄르르륵
야호

고마워! 에메랄드 성으로 가는 지름길로 가려면 두 수의 크기 비교를 해야 해.

믿어도 되는 건지~

세 자리 수의 크기 비교는 **278** **296** 먼저 백의 자리 숫자를 비교하는 거야.

둘 다 2네~

똑같잖아.

278 **296**

이럴수가!

어헤헴~ 내가 더 크지롱~

백의 자리 숫자가 같으면 십의 자리 숫자를 비교해.

아하! 백의 자리, 십의 자리 숫자가 각각 같으면 일의 자리 숫자를 비교하면 되겠군.

저 잘난 척~

278 < 296
└7<9┘
296은 278보다 크니까 에메랄드 성으로 가는 지름길은 296이야!

처억

와!! 어서 가자!!

10분 후

뭐가 지름길이 어쩌고 어째?

여기가 아닌가~? 하하하하~

1-2 100까지의 수

10개씩 묶음 6개와 낱개 2개는
62라 쓰고
육십이 또는 예순둘이라고 읽어.

60은 육십 또는 예순,
70은 칠십 또는 일흔,
80은 팔십 또는 여든,
90은 구십 또는 아흔
이라고 읽지.

1-1 그림을 보고 ☐ 안에 알맞은 수를 써넣으세요.

10개씩 묶음 ☐개와 낱개 ☐개를

☐ 라고 합니다.

1-2 ☐ 안에 알맞은 수를 써넣으세요.

(1)
10개씩 묶음	낱개
7	5

→ ☐

(2)
10개씩 묶음	낱개
9	3

→ ☐

2-1 더 큰 수를 수로 써 보세요.

예순셋	일흔아홉

(   )

2-2 더 큰 수를 수로 써 보세요.

여든넷	칠십칠

(   )

1-2 여러 가지 모양

□ 모양은 뾰족한 곳이 4군데, △ 모양은 뾰족한 곳이 3군데 있어.

◯ 모양은 뾰족한 곳이 없지.

[3-1~3-2] 뾰족한 곳을 모두 찾아 ◯표 하고, 모두 몇 군데인지 써 보세요.

3-1

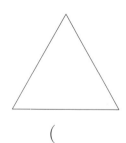

( )

3-2

(   )

[4-1~4-2] □, △, ◯ 모양 중 이용하지 <u>않은</u> 모양에 ◯표 하세요.

4-1

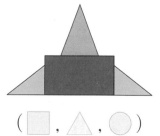

(□ , △ , ◯)

4-2

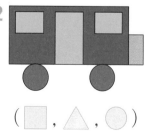

(□ , △ , ◯)

 교과서 기초 개념

• 100 알아보기

(1) 90보다 **❶** 만큼 더 큰 수

(2) 10이 **❷** 개인 수

쓰기

읽기

100 백

100은 십 모형 10개 또는 백 모형 1개로 나타낼 수 있어.

그래서 십 모형 10개는 백 모형 1개와 같지.

정답 ❶ 10   ❷ 10

[1-1 ~ 1-2] 그림을 보고 □ 안에 알맞은 수를 써넣으세요.

1-1

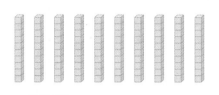

10이 □개 모이면 100입니다.

1-2

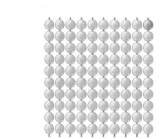

99보다 1만큼 더 큰 수는

□입니다.

[2-1 ~ 2-2] □ 안에 알맞은 수를 써넣으세요.

2-1

50 60 □ 80 90 □

2-2

60 70 80 □ □

1주
1일

[3-1 ~ 3-2] □ 안에 알맞은 수를 써넣으세요.

3-1

96 97 98 □ □

3-2

96 97 □ 99 □

4-1 □ 안에 알맞은 수를 써넣으세요.

100은

90보다 □만큼 더 큰 수입니다.

4-2 □ 안에 알맞은 수를 써넣으세요.

80보다 20만큼 더 큰 수는

□입니다.

교과서 기초 개념

· 300 알아보기

100이 ①[ ]개이면 **300**이라 쓰고, **삼백**이라고 읽습니다.

몇백을 쓰고 읽기

100	백	200	이백	300	삼백
400	사백	500	오백	600	육백
700	칠백	800	팔백	900	구백

정답 ① 3

[1-1 ~ 1-2] 그림을 보고 ☐ 안에 알맞은 수를 써넣으세요.

1-1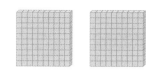

백 모형이 **2**개이면 ☐ 입니다.

1-2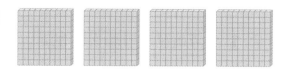

백 모형이 **4**개이면 ☐ 입니다.

[2-1 ~ 2-4] 수로 써 보세요.

2-1 육백 → (   )

2-2 구백 → (   )

2-3 오백 → (   )

2-4 팔백 → (   )

3-1 수를 읽어 보세요.

200 → (   )

3-2 수를 읽어 보세요.

700 → (   )

[4-1 ~ 4-2] 주어진 수만큼 100 을 그려 넣으세요.

4-1
500

| 100 |
| 100 |

4-2
800

| 100 | 100 |
| 100 | |

기초 집중 연습

기본 문제 연습

[1-1 ~ 1-2] 주어진 수만큼 묶어 보고 □ 안에 알맞은 수를 써넣으세요.

1-1

300

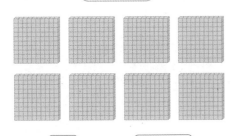

100이 □개이면 □입니다.

1-2

700

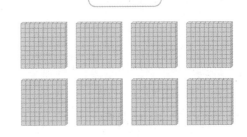

100이 □개이면 □입니다.

2-1 □ 안에 알맞은 수를 써넣으세요.

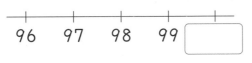

96　97　98　99　□

99보다 □만큼 더 큰 수는 100입니다.

2-2 □ 안에 알맞은 수를 써넣으세요.

40　60　80　□

80보다 □만큼 더 큰 수는 100입니다.

3-1 옳으면 ○표, 틀리면 ×표 하세요.

(1) 100이 8개이면 800입니다.

(　　　　　)

(2) 100이 3개이면 30입니다.

(　　　　　)

3-2 옳으면 ○표, 틀리면 ×표 하세요.

(1) 700은 10이 7개인 수입니다.

(　　　　　)

(2) 900은 100이 9개인 수입니다.

(　　　　　)

기초 → 기본 연습 100이 ▨ 개이면 ▨00이다.

기초 수 모형이 나타내는 수를 쓰고, 읽어 보세요.

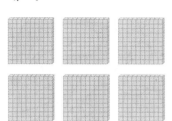

쓰기	읽기

4-1 도현이가 가지고 있는 100원짜리 동전입니다. 모두 얼마인지 수로 쓰고, 읽어 보세요.

쓰기: _____ 원

읽기: _____ 원

4-2 색종이로 꽃을 만들어 통에 100송이씩 담았습니다. 꽃은 모두 몇 송이인지 수로 쓰고, 읽어 보세요.

쓰기: _____ 송이

읽기: _____ 송이

4-3 지우개는 모두 몇 개인지 수로 쓰고, 읽어 보세요.

10개 지우개 10개 지우개 10개 지우개 10개 지우개 10개 지우개 10개 지우개 10개 지우개 10개 지우개 10개 지우개 10개 지우개

10개 지우개 10개 지우개 10개 지우개 10개 지우개 10개 지우개 10개 지우개 10개 지우개 10개 지우개 10개 지우개 10개 지우개

10개 지우개 10개 지우개 10개 지우개 10개 지우개 10개 지우개 10개 지우개 10개 지우개 10개 지우개 10개 지우개 10개 지우개

쓰기: _____ 개

읽기: _____ 개

1주

1일

'사백이십팔'을 수로 쓸 때
400208, 4208 등으로 잘못 쓰지
않도록 주의해.

100이 4개, 10이 2개, 1이 8개이면
428입니다.
428은 사백이십팔이라고 읽습니다.

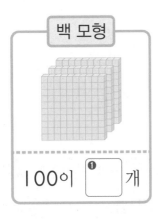

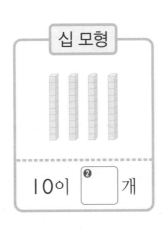

🐻 교과서 기초 개념

• 347 알아보기

백 모형	십 모형	일 모형
100이 ❶ [ ] 개	10이 ❷ [ ] 개	1이 7개

쓰기
347

읽기
삼백사십❸ [ ]

1-1 수 모형이 나타내는 수를 써 보세요.

백 모형 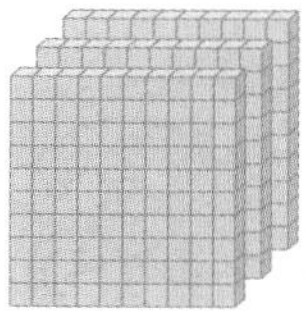	십 모형 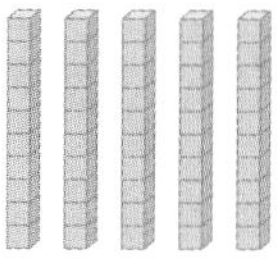	일 모형

( )

1-2 수 모형이 나타내는 수를 써 보세요.

백 모형 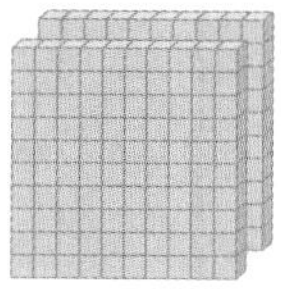	십 모형 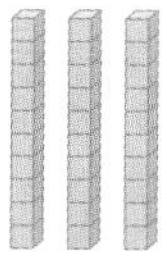	일 모형 

( )

2-1 수로 써 보세요.

오백구십팔

( )

2-2 수로 써 보세요.

백팔십육

( )

3-1 수를 읽어 보세요.

462

( )

3-2 수를 읽어 보세요.

710

( )

4-1 ☐ 안에 알맞은 수를 써넣으세요.

100이 2개
10이 5개 이면 ☐
1이 8개

4-2 ☐ 안에 알맞은 수를 써넣으세요.

100이 3개
10이 6개 이면 ☐
1이 7개

1주 2일

15

진주 248개 가져왔어.

428개가 필요하다고 했잖아요!

428에서
4는 백의 자리 숫자이고, 400을 나타냅니다.
2는 십의 자리 숫자이고, 20을 나타냅니다.
8은 일의 자리 숫자이고, 8을 나타냅니다.

아~ 그렇구나. 미안~

어쩔 수 없지요. 그 대신 이건 다른 걸 만드는 데 사용하지요.

어떤 건데? 앗! 왜 혼자 가. 같이 가~

에고~ 공주님이 속은 거 같아.

파닥파닥

호호

이제 난 부자다!!

 교과서 기초 개념

• 536에서 각 자리의 숫자가 나타내는 값 알아보기

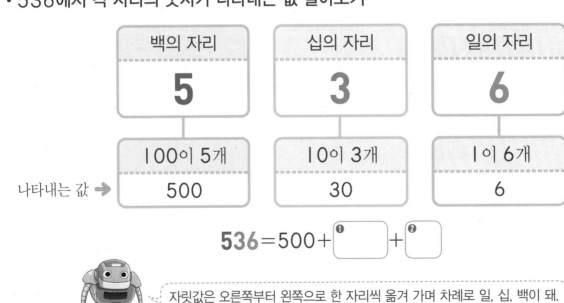

백의 자리	십의 자리	일의 자리
5	3	6
100이 5개	10이 3개	1이 6개
500	30	6

나타내는 값 ➡

$$536 = 500 + \boxed{\text{❶}} + \boxed{\text{❷}}$$

자릿값은 오른쪽부터 왼쪽으로 한 자리씩 옮겨 가며 차례로 일, 십, 백이 돼.

개념·원리 확인

▶ 정답 및 풀이 2쪽

1-1 ☐ 안에 알맞은 수를 써넣으세요.

617

100이 6개	10이 1개	1이 7개
600	☐	☐

617=600+☐+☐

1-2 ☐ 안에 알맞은 수를 써넣으세요.

343

100이 3개	10이 4개	1이 3개
☐	40	☐

343=☐+40+☐

2-1 ☐ 안에 알맞은 수를 써넣으세요.

495에서

┌ 4는 ☐ 을 나타냅니다.

├ 9는 ☐ 을 나타냅니다.

└ 5는 ☐ 를 나타냅니다.

2-2 ☐ 안에 알맞은 수를 써넣으세요.

782에서

┌ 7은 ☐ 을 나타냅니다.

├ 8은 ☐ 을 나타냅니다.

└ 2는 ☐ 를 나타냅니다.

[3-1~3-4] 밑줄 친 숫자는 어느 자리 숫자이고, 얼마를 나타내는지 써 보세요.

3-1 796 ┌ ☐ 의 자리 숫자
└ 나타내는 값: ☐

3-2 346 ┌ ☐ 의 자리 숫자
└ 나타내는 값: ☐

3-3 903 ┌ ☐ 의 자리 숫자
└ 나타내는 값: ☐

3-4 548 ┌ ☐ 의 자리 숫자
└ 나타내는 값: ☐

1주 2일

기초 집중 연습

 기본 문제 연습

1-1 다음이 나타내는 수를 쓰고, 읽어 보세요.

> 100이 5개, 10이 2개,
> 1이 4개인 수

쓰기: _____

읽기: _____

1-2 다음이 나타내는 수를 쓰고, 읽어 보세요.

> 100이 9개, 10이 5개,
> 1이 3개인 수

쓰기: _____

읽기: _____

2-1 빈칸에 각 자리의 숫자를 써넣으세요.

구백이십칠

백의 자리	십의 자리	일의 자리

2-2 빈칸에 각 자리의 숫자를 써넣으세요.

팔백사

백의 자리	십의 자리	일의 자리

3-1 ☐ 안에 알맞은 수를 써넣으세요.

100이 ☐개 ┐
10이 8개 ┤이면 186
1이 ☐개 ┘

3-2 ☐ 안에 알맞은 수를 써넣으세요.

100이 4개 ┐
10이 ☐개 ┤이면 462
1이 ☐개 ┘

4-1 숫자 6이 나타내는 값이 더 큰 수에 ○표 하세요.

264	816

4-2 숫자 7이 나타내는 값이 더 작은 수에 ○표 하세요.

173	427

기초 → 문장제 연습   100이 ■개, 10이 ▲개, 1이 ●개이면 ■▲●이다.

기초 다음이 나타내는 수를 써 보세요.

> 100이 8개, 10이 5개,
> 1이 2개인 수

답 _____

5-1 상우는 100원짜리 동전 8개, 10원짜리 동전 5개, 1원짜리 동전 2개를 가지고 있습니다. 상우가 가지고 있는 돈은 모두 얼마인가요?

답 _____

5-2 저금통에 100원짜리 동전 5개, 10원짜리 동전 7개, 1원짜리 동전 2개가 있습니다. 저금통에 있는 돈은 모두 얼마인가요?

1주
2일

답 _____

5-3 동전은 모두 얼마인가요?

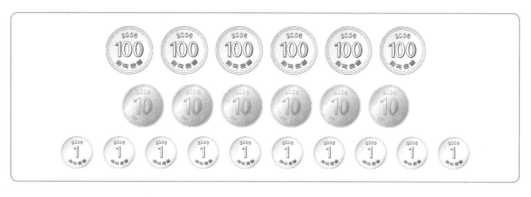

답 _____

교과서 기초 개념

- **100씩 뛰어서 세기**

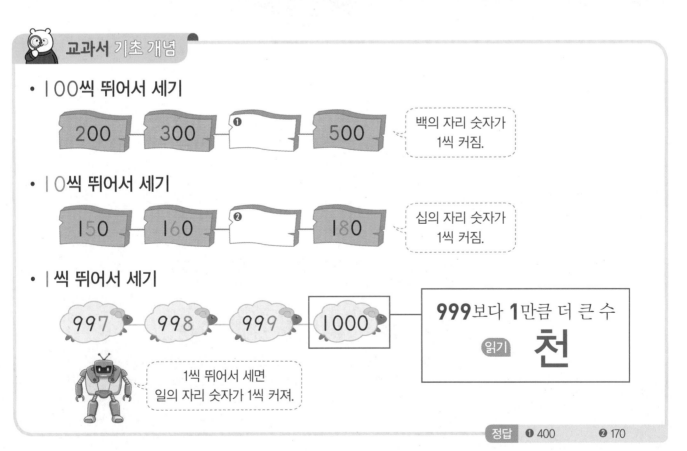

200 — 300 — ❶ — 500

백의 자리 숫자가 1씩 커짐.

- **10씩 뛰어서 세기**

150 — 160 — ❷ — 180

십의 자리 숫자가 1씩 커짐.

- **1씩 뛰어서 세기**

997 998 999 1000

1씩 뛰어서 세면 일의 자리 숫자가 1씩 커져.

999보다 1만큼 더 큰 수

읽기 **천**

정답 ❶ 400   ❷ 170

1-1 100씩 뛰어서 세어 보세요.

1-2 100씩 뛰어서 세어 보세요.

2-1 10씩 뛰어서 세어 보세요.

2-2 10씩 뛰어서 세어 보세요.

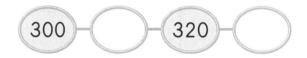

3-1 1씩 뛰어서 세어 보세요.

3-2 1씩 뛰어서 세어 보세요.

4-1 320부터 10씩 뛰어서 세면서 선으로 이어 보세요.

4-2 543부터 1씩 뛰어서 세면서 선으로 이어 보세요.

1주
3일

백의 자리 숫자가 같으면
십의 자리 숫자끼리 비교합니다.

같음.
358 > 327
5>2

교과서 기초 개념

백의 자리 숫자가 크면 더 **❶**(작은 , 큰) 수	**528 < 743** 5<7
백의 자리 숫자는 같고 십의 자리 숫자가 크면 더 **❷**(작은 , 큰) 수	같음. **364 < 389** 6<8
백, 십의 자리 숫자는 같고 일의 자리 숫자가 크면 더 **❸**(작은 , 큰) 수	같음. **572 < 574** 2<4

정답 ❶ 큰 ❷ 큰 ❸ 큰

▶ 정답 및 풀이 3쪽

1-1 수 모형을 보고 125와 210의 크기를 비교하여 ○ 안에 > 또는 <를 알맞게 써넣으세요.

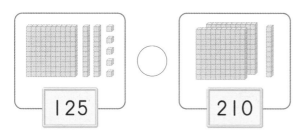

1-2 수 모형을 보고 253과 214의 크기를 비교하여 ○ 안에 > 또는 <를 알맞게 써넣으세요.

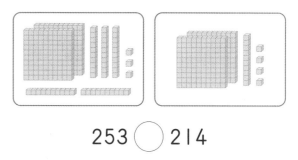

253 ◯ 214

2-1 ○ 안에 > 또는 <를 알맞게 써넣으세요.

754는 618보다 큽니다.

754 ◯ 618

2-2 ○ 안에 > 또는 <를 알맞게 써넣으세요.

317은 364보다 작습니다.

317 ◯ 364

1주
3일

[**3**-1 ~ **3**-4] 두 수의 크기를 비교하여 ○ 안에 > 또는 <를 알맞게 써넣으세요.

3-1 864 ◯ 592
└ 8 ◯ 5 ┘

3-2 463 ◯ 427
└ 6 ◯ 2 ┘

3-3 554 ◯ 579
└ 5 ◯ 7 ┘

3-4 675 ◯ 671
└ 5 ◯ 1 ┘

기초 집중 연습

기본 문제 연습

[**1**-1 ~ **1**-2] ☐ 안에 알맞은 수나 말을 써넣으세요.

1-1
509 — 609 — 709 — 809

100씩 뛰어서 세면

☐의 자리 숫자가 ☐씩 커집니다.

1-2
355 — 365 — 375 — 385

10씩 뛰어서 세면

☐의 자리 숫자가 ☐씩 커집니다.

[**2**-1 ~ **2**-2] 두 수의 크기를 비교하여 ○ 안에 > 또는 <를 알맞게 써넣으세요.

2-1 682 ○ 725

2-2 241 ○ 211

[**3**-1 ~ **3**-2] 빈칸에 알맞은 수를 써넣고, 몇씩 뛰어서 세었는지 써 보세요.

3-1
730 740 750 ☐ ☐ 780

→ ☐씩 뛰어서 세었습니다.

3-2
996 997 ☐ ☐ ☐ ☐

→ ☐씩 뛰어서 세었습니다.

[**4**-1 ~ **4**-2] 바르게 말했으면 ○표, 잘못 말했으면 ×표 하세요.

4-1 915는 935보다 커.

( )

4-2 682는 680보다 커.

( )

 기초 → 문장제 연습 수의 크기 비교는 백 → 십 → 일의 자리 순서로 비교하자.

기초 더 작은 수에 ○표 하세요.

703		639

( ) ( )

➡

수의 크기 비교가 어떤 상황에서 이용될까요?

5-1 가게에 사과가 703개, 귤이 639개 있습니다. 어느 과일이 더 적게 있나요?

703개 639개

답 _____

5-2 진열대에 우유가 123통, 주스가 128통 있습니다. 어느 음료수가 더 많이 있나요?

123통 128통

답 _____

5-3 우체국에서 택배를 보내려고 수현이와 민하가 번호표를 뽑아서 기다리고 있습니다. 누가 먼저 택배를 보낼 수 있나요?

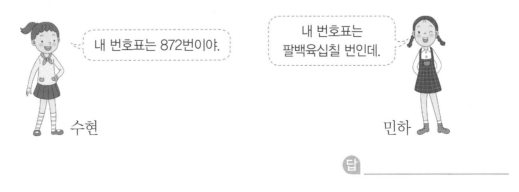

내 번호표는 872번이야.

내 번호표는 팔백육십칠 번인데.

수현 민하

답 _____

1주 3일

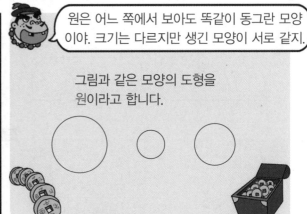

 교과서 기초 개념

• 원의 특징 알아보기

어느 쪽에서 보아도 똑같이 동그란 모양이야.

원

곧은 선이 없어.

뽀족한 부분이 없어.

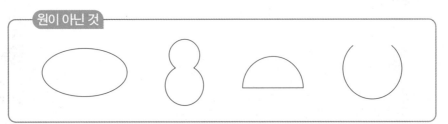

원이 아닌 것

1-1 그림과 같은 물건에서 찾을 수 있는 도형의 이름을 써 보세요.

(　　　　　　)

1-2 자전거의 바퀴는 동그란 모양입니다. 이 도형의 이름을 써 보세요.

(　　　　　　)

2-1 원을 찾아 색칠하세요.

2-2 원을 찾아 색칠하세요.

3-1 원이면 ○표, 원이 <u>아니면</u> ×표 하세요.

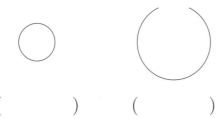

(　　　) 　 (　　　)

3-2 원이면 ○표, 원이 <u>아니면</u> ×표 하세요.

(　　　) 　 (　　　)

4-1 주변에 있는 물건이나 모양 자를 이용하여 주어진 원과 크기가 다른 원을 1개 그려 보세요.

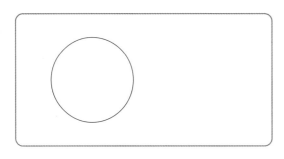

4-2 주변에 있는 물건이나 모양 자를 이용하여 크기가 다른 원을 2개 그려 보세요.

1주
4일

곧은 선 3개로 둘러싸여 뾰족한 꼭짓점이 3개나 되는 삼각형 모양 과자잖아.

그림과 같은 모양의 도형을 삼각형이라고 합니다.

저리 치우지 못해? 내가 뾰족한 걸 무서워 하는 거 알잖아.

그럼 이거는 어떠세요~~?

장난해? 아까보다 뾰족한 게 더 많잖아!

🐻 교과서 기초 개념

• 삼각형의 특징 알아보기

변: 곧은 선

꼭짓점: 두 곧은 선이 만나는 점

삼각형

┌ 삼각형은 변이 **❶** 개, 꼭짓점이 **❷** 개입니다.

└ 곧은 선들로 둘러싸여 있습니다.

정답 ❶ 3   ❷ 3

▶ 정답 및 풀이 4쪽

1-1 삼각형이면 ○표, 삼각형이 <u>아니면</u> ×표 하세요.

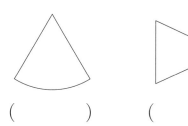

( )　　　( )

1-2 삼각형이면 ○표, 삼각형이 <u>아니면</u> ×표 하세요.

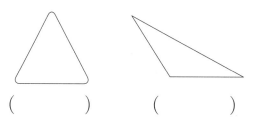

( )　　　( )

2-1 ☐ 안에 알맞은 말을 써넣으세요.

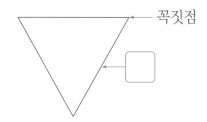

꼭짓점

2-2 ☐ 안에 알맞은 말을 써넣으세요.

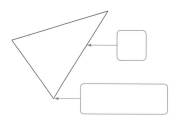

[3-1 ~ 3-2] 점 3개를 곧은 선으로 모두 이어 도형을 그리고, 그린 도형의 이름을 써 보세요.

3-1

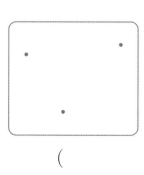

( )

3-2

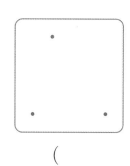

( )

[4-1 ~ 4-2] 주어진 선을 이용하여 삼각형을 완성해 보세요.

4-1

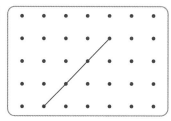

4-2

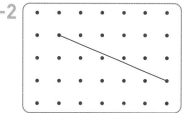

🐜 **기본 문제 연습**

1-1 ☐ 안에 알맞은 수를 써넣으세요.

삼각형은 변이 ☐ 개, 꼭짓점이

☐ 개입니다.

1-2 빈칸에 알맞은 수를 써넣으세요.

	변의 수(개)	꼭짓점의 수(개)
삼각형		

2-1 원에 대해 바르게 설명한 것의 기호를 써 보세요.

ㄱ 곧은 선이 있습니다.
ㄴ 뾰족한 부분이 없습니다.

( )

2-2 삼각형에 대해 바르게 설명한 것의 기호를 써 보세요.

ㄱ 굽은 선이 **3**개 있습니다.
ㄴ 꼭짓점이 **3**개 있습니다.

( )

3-1 원은 모두 몇 개인가요?

( )

3-2 원은 모두 몇 개인가요?

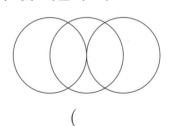

( )

4-1 원 안에 있는 수들의 합을 구하세요.

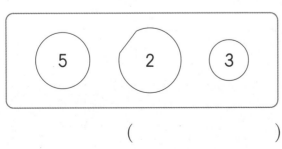

( )

4-2 삼각형 안에 있는 수들의 합을 구하세요.

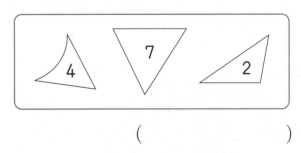

( )

기초 → 기본 연습   삼각형은 변이 3개, 꼭짓점이 3개인 도형

기초 삼각형은 모두 몇 개인가요?

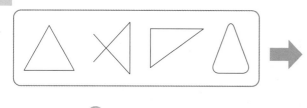

답 _____

5-1 삼각형 모양의 물건은 모두 몇 개인가요?

답 _____

5-2 점선을 따라 모두 자르면 삼각형은 몇 개 생기나요?

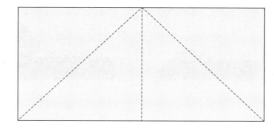

답 _____

5-3 다음은 자메이카 국기입니다. 이 국기에서 찾을 수 있는 삼각형은 모두 몇 개인 가요?

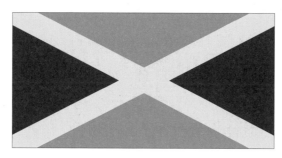

답 _____

1주
4일

 교과서 기초 개념

• 사각형의 특징 알아보기

변: 곧은 선

꼭짓점: 두 곧은 선이 만나는 점

┌ 사각형은 변이 **①** 개, 꼭짓점이 **②** 개입니다.

└ 곧은 선들로 둘러싸여 있습니다.

정답 **①** 4 　　 **②** 4

1-1 사각형에 ○표 하세요.

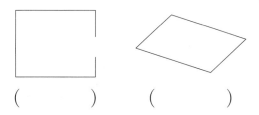

(   ) (   )

1-2 사각형에 ○표 하세요.

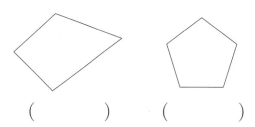

(   ) (   )

2-1 ☐ 안에 알맞은 말을 써넣으세요.

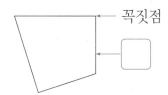

꼭짓점

2-2 ☐ 안에 알맞은 말을 써넣으세요.

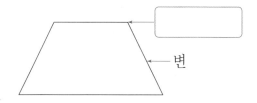

변

1주
5일

[**3**-1 ~ **3**-2] 점 4개를 곧은 선으로 이어 사각형을 그려 보세요.

3-1

3-2

[**4**-1 ~ **4**-2] 도형의 변과 꼭짓점은 각각 몇 개인지 ☐ 안에 알맞은 수를 써넣으세요.

4-1

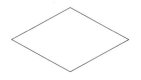

➔ 변: ☐ 개, 꼭짓점: ☐ 개

4-2

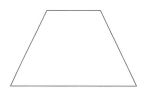

➔ 변: ☐ 개, 꼭짓점: ☐ 개

교과서 기초 개념

〈칠교판〉

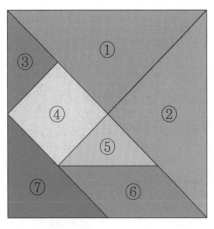

7개의 조각 중

┌ 삼각형 모양 조각: ①, ②, [❶], ⑤, ⑦

└ 사각형 모양 조각: ④, [❷]

칠교판에는 삼각형 모양 조각이 5개 있어.

그리고 사각형 모양 조각은 2개 있어.

정답 ❶ ③   ❷ ⑥

1-1 다음 칠교판에서 삼각형 모양 조각은 몇 개 있나요?

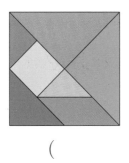

(   )

1-2 다음 칠교판에서 사각형 모양 조각은 몇 개 있나요?

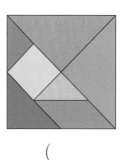

(   )

2-1 다음 두 조각을 이용하여 삼각형을 바르게 만든 것에 ○표 하세요.

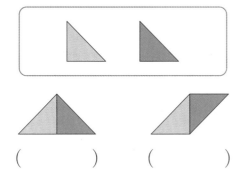

(   )   (   )

2-2 다음 두 조각을 이용하여 사각형을 바르게 만든 것에 ○표 하세요.

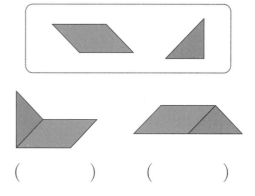

(   )   (   )

3-1 다음 세 조각을 모두 이용하여 삼각형을 만들어 보세요.

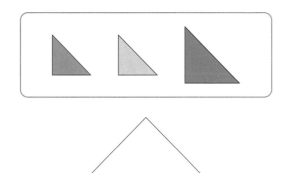

3-2 다음 세 조각을 모두 이용하여 사각형을 만들어 보세요.

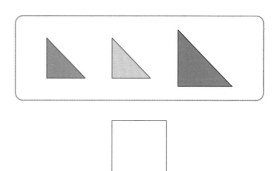

기본 문제 연습

1-1 ☐ 안에 알맞은 수를 써넣으세요.

> 사각형은 변이 ☐ 개, 꼭짓점이
> ☐ 개입니다.

1-2 빈칸에 알맞은 수를 써넣으세요.

	변의 수(개)	꼭짓점의 수(개)
사각형		

2-1 사각형에 대해 바르게 설명한 것의 기호를 써 보세요.

> ㉠ 굽은 선이 **4**개 있습니다.
> ㉡ 꼭짓점이 **4**개 있습니다.

(   )

2-2 다음에서 설명하는 도형의 이름을 써 보세요.

> • 삼각형보다 변이 **1**개 더 많습니다.
> • 꼭짓점은 **4**개입니다.

(   )

3-1 다음 세 조각을 모두 이용하여 주어진 도형을 만들어 보세요.

(1) 삼각형

(2) 사각형

3-2 다음 세 조각을 모두 이용하여 주어진 도형을 만들어 보세요.

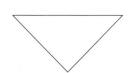

(1) 삼각형

(2) 사각형

기초 → 기본 연습 **사각형은 변이 4개, 꼭짓점이 4개인 도형**

기초 사각형은 모두 몇 개인가요?

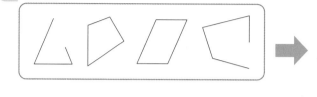

답 _____

4-1 사각형 모양의 물건은 모두 몇 개인가요?

답 _____

4-2 점선을 따라 모두 자르면 사각형은 몇 개 생기나요?

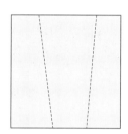

답 _____

4-3 다음은 쿠웨이트 국기입니다. 이 국기에서 찾을 수 있는 사각형은 모두 몇 개인 가요?

답 _____

1 사각형의 변을 모두 찾아 ○표 하세요.

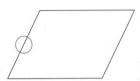

2 수로 써 보세요.

육백오

( )

3 모두 얼마인가요?

( )

4 삼각형에 대해 잘못 설명한 사람의 이름을 써 보세요.

변이 3개야.   굽은 선이 있어.

태연   영탁

( )

5 숫자 6이 600을 나타내는 수를 찾아 기호를 써 보세요.

ㄱ 316   ㄴ 265   ㄷ 674

( )

6 두 수의 크기를 비교하여 ◯ 안에 > 또는 <를 알맞게 써넣으세요.

549 ◯ 571

7 원은 모두 몇 개인가요?

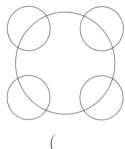

(   )

8 빵이 한 상자에 10개씩 담겨 있습니다. 빵 100개는 10개씩 몇 상자에 담겨 있나요?

(   )

9 세 조각을 모두 이용하여 삼각형을 만들어 보세요.

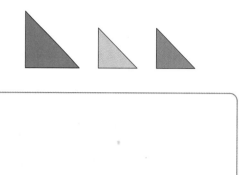

10 뛰어서 세는 규칙을 찾아 빈칸에 알맞은 수를 써넣으세요.

504	514	
534		554

창의 1 분식집에서 각자 뽑은 대기 번호표에 맞게 선으로 이어 보세요.

민지

지수

하늘

번호표
123
엄청맛나

번호표
124
엄청맛나

번호표
125
엄청맛나

▶ 정답 및 풀이 6쪽

누구의 거울일까?

창의2

1주

특강

세 명의 거울 모양을 찾아 써 봐.

거울 모양			

[3~4] 영탁이가 사는 아파트입니다. 아파트에 각각 쓰여 있는 호수를 보고, 물음에 답하세요.

창의 3 영탁이가 사는 아파트 호수의 규칙을 찾아 ☐ 안에 알맞은 수를 써넣으세요.

[규칙 1] 위로 한 층씩 올라갈수록 ☐ 씩 뛰어서 세었습니다.

[규칙 2] 오른쪽으로 한 집씩 갈수록 ☐ 씩 뛰어서 세었습니다.

창의 4 영탁이는 몇 호에 살고 있나요?

답 _____

[5~6] 다음은 여행용 가방에 달려 있는 잠금장치입니다. 잠금장치에 대한 설명을 보고 물음에 답하세요.

잠금장치

• 가운데에 있는 세 자리 수가 비밀번호가 됩니다.
• 각 자리의 숫자는 위아래로 돌려 바꿀 수 있습니다.

융합 5 다음은 재호의 여행용 가방 잠금장치의 비밀번호에 대한 설명입니다. 비밀번호를 찾아 여행용 가방의 ☐ 안에 백의 자리부터 차례로 써넣으세요.

비밀번호

• 백의 자리 숫자는 4보다 크고 6보다 작습니다.
• 십의 자리 숫자는 20을 나타냅니다.
• 일의 자리 숫자는 7을 나타냅니다.

융합 6 다음 여행용 가방 잠금장치의 비밀번호를 보고 ☐ 안에 알맞은 수를 써넣으세요.

비밀번호

• 백의 자리 숫자는 ☐을 나타냅니다.

• 십의 자리 숫자는 ☐을 나타냅니다.

• 일의 자리 숫자는 4를 나타냅니다.

[7~8] 칠교판을 보고 물음에 답하세요.

융합 7 칠교판 조각을 모두 사용하여 만든 모양을 찾아 ○표 하세요.

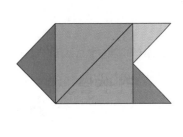   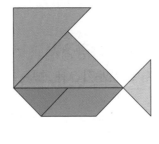   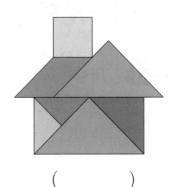

(   )   (   )   (   )

융합 8 칠교판 조각을 모두 사용하여 주어진 모양을 완성해 보세요.

(1) 물고기   (2) 고양이

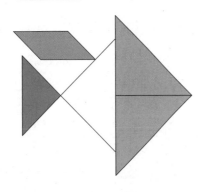   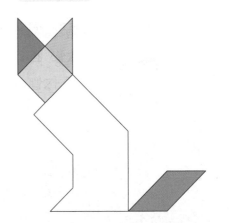

▶ 정답 및 풀이 6쪽

[9~10] 보기 와 같이 블록 명령어에 따라 로봇이 지나가면서 동전을 모읍니다. 각 블록 명령어로 로봇이 모은 금액을 구하세요.

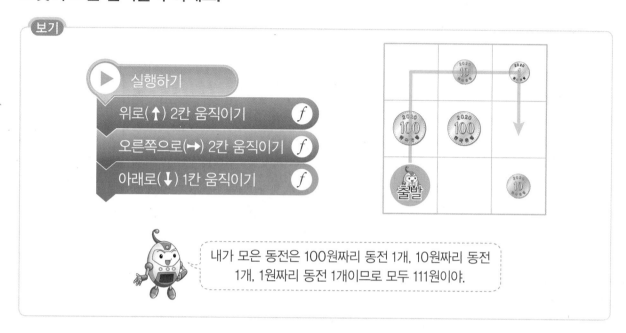

코딩 9

답 _____

코딩 10

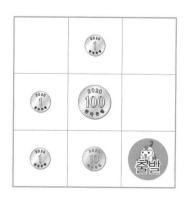

답 _____

2주 여러 가지 도형 ~ 덧셈과 뺄셈

엣취!

으앙! 춥고 힘들어!!

오늘은 이만 여기서 자고 가자.

인간의 몸은 불편하구나.

자~ 아까 나무 베면서 모은 나뭇잎들을 덮고 자.

18

고마워! 양철 나무꾼은 마음이 따뜻하구나.

양철 나무꾼! 이 나뭇잎 3장 써도 되지?

물론!

18

18+3이니까 나뭇잎은 모두 21장이네~ 덕분에 따뜻하겠어.

토토~ 21장 중에서 5장을 줄게.

고마워! 도로시!

그럼 나에게 남은 나뭇잎은 21-5=16(장)이네. 모두 따뜻하게 잘 수 있겠지?

와아~

미안한데, 도로시~ 나뭇잎 5장으로는 춥다. 나 이래 보여도 꽤 섬세한 몸이라구.

궁시렁

섬세……

나뭇잎이 도로시
만큼 있으면 따뜻
할거야. 그럼 얼마나
더 필요한거지?

더 필요한 나뭇잎의 수는

$16-5=11$

나뭇잎 11장이 더 필요하군!

자, 토토~

부스럭 부스럭

앗! 어디가?

폴짝

헉!

!!

사자다!!
토토, 위험해!!

덜

덜

토토가
암컷이었어?

나도 몰랐지~
근데 잠
좀 자자.

어쩜……
내 스타일이야!!

1-2 여러 가지 모양

■ 모양은 뾰족한 곳이 4군데이고 곧은 선이 4개야.

▲ 모양은 뾰족한 곳이 3군데이고 곧은 선이 3개야.

● 모양은 뾰족한 곳이 없어.

1-1 ■ 모양을 찾아 ○표 하세요.

(   ) (   ) (   )

1-2 ▲ 모양을 찾아 ○표 하세요.

(   ) (   ) (   )

2-1 ● 모양의 물건을 찾아 기호를 써 보세요.

(   )

2-2 ■ 모양의 물건은 모두 몇 개인가요?

(   )

1-2 덧셈과 뺄셈

14는 10개씩 묶음 1개,
낱개 4개이고
25는 10개씩 묶음 2개,
낱개 5개야.

14+25를 낱개끼리 더하면
4+5=9, 10개씩 묶음끼리
더하면 1+2=3이야.

3-1 빈칸에 알맞은 수를 써넣으세요.

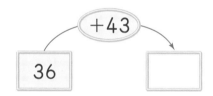

3-2 빈칸에 두 수의 합을 써넣으세요.

16	21

4-1 바르게 계산한 것을 찾아 기호를 써 보세요.

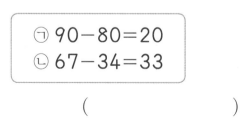

(   )

4-2 계산 결과를 찾아 선으로 이어 보세요.

50-10 ·

58-23 ·

· 20

· 35

· 40

 교과서 기초 개념

• 오각형 알아보기

그림과 같은 모양의 도형을 오각형이라고 합니다.

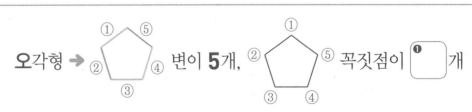

오각형 ➜ 변이 **5**개, 꼭짓점이 ❶ 개

오각형은 곧은 선 5개로 둘러싸여 있지.

1-1 오각형에 ◯표 하세요.

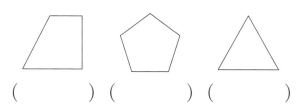

(   ) (   ) (   )

1-2 오각형을 찾아 기호를 써 보세요.

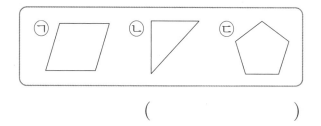

(   )

2-1 ☐ 안에 알맞은 말을 써넣으세요.

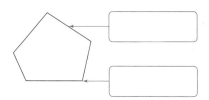

2-2 ☐ 안에 알맞은 수를 써넣으세요.

변: ☐ 개

꼭짓점: ☐ 개

3-1 오각형에 색칠하세요.

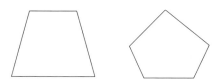

3-2 오각형에 색칠하세요.

4-1 빨간 점을 꼭짓점으로 하여 오각형을 그려 보세요.

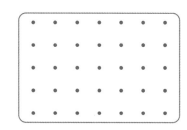

4-2 주어진 5개의 점을 곧은 선으로 이어 오각형을 그려 보세요.

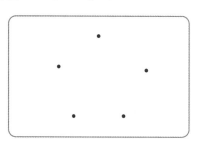

 교과서 기초 개념

• 육각형 알아보기

그림과 같은 모양의 도형을 육각형이라고 합니다.

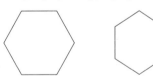

육각형 → 변이 **1** 개, 꼭짓점이 **6**개

 삼각형, 사각형, 오각형, 육각형은 이름의
첫 글자가 변의 수, 꼭짓점의 수와 같아.

정답 ❶ 6

1-1 육각형에 ○표 하세요.

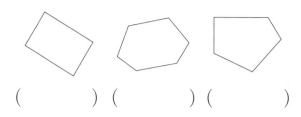

(   ) (   ) (   )

1-2 육각형을 찾아 기호를 써 보세요.

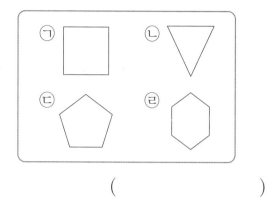

(   )

2-1 ☐ 안에 알맞은 말을 써넣으세요.

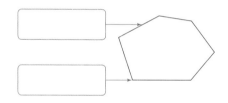

2-2 도형을 보고 빈칸에 알맞은 수를 써넣으세요.

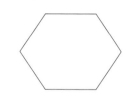

	변	꼭짓점
수(개)		

3-1 점 6개를 곧은 선으로 이어 육각형을 완성해 보세요.

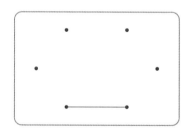

3-2 빨간 점을 꼭짓점으로 하여 육각형을 그려 보세요.

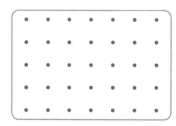

[**4-1** ~ **4-2**] 육각형에 색칠하세요.

4-1

4-2

기초 집중 연습

 기본 문제 연습

1-1 오각형을 찾아 기호를 써 보세요.

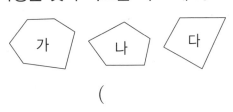

(   )

1-2 육각형을 찾아 기호를 써 보세요.

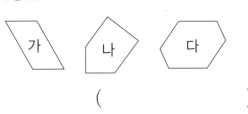

(   )

2-1 오각형은 모두 몇 개인가요?

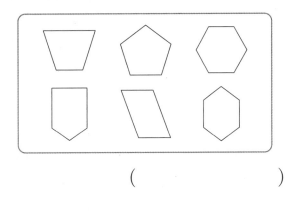

(   )

2-2 육각형은 모두 몇 개인가요?

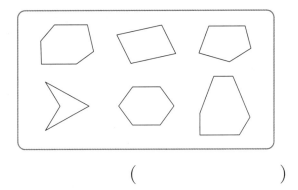

(   )

3-1 오각형이 <u>아닌</u> 것을 찾아 기호를 써 보세요.

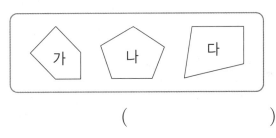

(   )

3-2 육각형이 <u>아닌</u> 것을 찾아 기호를 써 보세요.

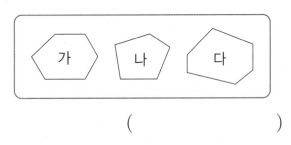

(   )

기본 → 문장제 연습　'~보다 ~더 많이(적게)'는 뺄셈으로 구하자.

기본　☐ 안에 알맞은 수를 써넣으세요.

> 사각형은 변이 ☐ 개,
>
> 육각형은 변이 ☐ 개입니다.

4-1 육각형은 사각형보다 변이 몇 개 더 많은가요?

 답　_____

4-2 오각형은 사각형보다 변이 몇 개 더 많은가요?

답　_____

4-3 삼각형은 준희가 설명하는 도형보다 변의 수가 몇 개 더 적은가요?

> 곧은 선들로 둘러싸여 있고
> 두 곧은 선이 만나는 점이 5개 있어.

준희

답　_____

4-4 꼭짓점의 수가 가장 많은 것은 가장 적은 것보다 몇 개 더 많은가요?

가　나　다

답　_____

 교과서 기초 개념

• 똑같은 모양으로 쌓기

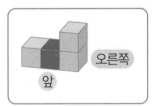

 →

빨간색 쌓기나무의 **양쪽**에 **1**개씩 놓습니다.

오른쪽 쌓기나무의 위에 개를 더 놓아 **2층**으로 만듭니다.

똑같이 쌓으려면 쌓기나무의 전체적인 모양, 쌓기나무의 수, 쌓기나무의 색, 쌓기나무를 놓은 위치나 방향, 쌓기나무의 층수 등을 생각해야 해.

쌓기나무를 놓는 위치 →

앞   뒤   왼쪽   오른쪽   위

정답 ❶ 1

1-1 보기 의 모양과 똑같은 모양으로 쌓은 것에 ○표 하세요.

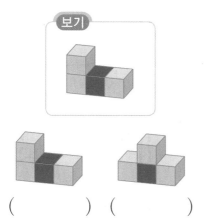

(   ) (   )

1-2 다음과 똑같은 모양으로 쌓은 것에 ○표 하세요.

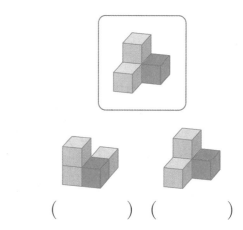

(   ) (   )

[**2-1** ~ **2-2**] 똑같은 모양으로 쌓으려고 합니다. 필요한 쌓기나무는 몇 개인지 구하세요.

2-1

(   )

2-2

(   )

3-1 보기 의 모양과 똑같이 쌓으려고 합니다. 쌓기나무 1개를 어느 곳에 더 놓아야 할까요?

(   )

3-2 보기 의 모양과 똑같이 쌓으려고 합니다. 빼내야 할 쌓기나무를 찾아 번호를 써 보세요.

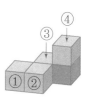

(   )

사또와 이방이 사람들한테서 뺏은 돈이 창고 가득 쌓여 있다고 합니다. 이 돈을 다시 주인에게 돌려 주려고요.

아직도 삐쳤어요?

내가? 왜? 쌓기 놀이는 나하고 맞지 않는 놀이야.

왜요? 재밌지 않아요? 여러 가지 모양으로 만들 수 있어요.

안 할래. 혼자 있고 싶어.

힛!

흐흐흐. 이거 재밌네.

교과서 기초 개념

• 여러 가지 모양으로 쌓기

① 쌓기나무 5개로 여러 가지 모양 만들기

② 쌓기나무 5개로 배 모양 만들고 설명하기

 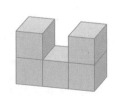

1층에 쌓기나무 3개를 옆으로 나란히 놓고 양쪽 끝 쌓기나무 위에 1개씩 더 쌓아 2층으로 만들었어.

1-1 쌓기나무 4개로 만든 모양에 ○표 하세요.

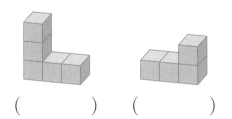

(   )   (   )

1-2 쌓기나무 5개로 만든 모양에 ○표 하세요.

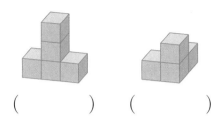

(   )   (   )

[**2-1** ~ **2-2**] 쌓기나무로 쌓은 모양을 보고 떠오르는 물건으로 알맞은 것에 ○표 하세요.

2-1

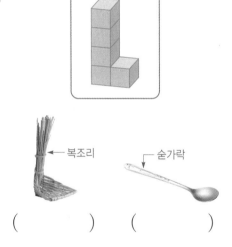

←복조리   ↑숟가락

(   )   (   )

2-2

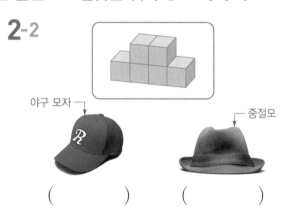

야구 모자 →   ←중절모

(   )   (   )

2주
2일

[**3-1** ~ **3-2**] 쌓기나무로 쌓은 모양을 보고 알맞은 말에 ○표 하세요.

3-1

오른쪽

앞

쌓기나무 2개가 옆으로 나란히 있고, 오른쪽 쌓기나무의 (위 , 앞)에 쌓기나무 1개가 있습니다.

3-2

오른쪽

앞

쌓기나무 2개가 옆으로 나란히 있고, 왼쪽 쌓기나무의 (위 , 앞)에 쌓기나무 1개가 있습니다.

2일   기초 집중 연습

🐜 **기본 문제** 연습

1-1 쌓기나무 4개로 만든 모양이 <u>아닌</u> 것에 ×표 하세요.

(   )   (   )

1-2 쌓기나무 6개로 만든 모양에 ○표 하세요.

   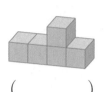

(   )   (   )

2-1 왼쪽 모양에서 쌓기나무 1개를 옮겨 오른쪽과 똑같은 모양을 만들려고 합니다. 옮겨야 할 쌓기나무에 ○표 하세요.

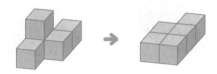

2-2 왼쪽 모양에서 쌓기나무 1개를 옮겨 오른쪽과 똑같은 모양을 만들려고 합니다. 옮겨야 할 쌓기나무를 찾아 번호를 써 보세요.

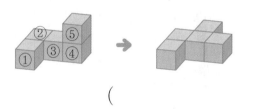

(   )

[**3**-1 ~ **3**-2] 모양을 주어진 설명에 맞게 색칠하세요.

3-1
- 빨간색 쌓기나무의 오른쪽에 보라색 쌓기나무가 있습니다.
- 빨간색 쌓기나무의 뒤에 노란색 쌓기나무가 있습니다.

3-2
- 빨간색 쌓기나무의 오른쪽에 초록색 쌓기나무가 있습니다.
- 빨간색 쌓기나무의 왼쪽에 노란색 쌓기나무가 있습니다.
- 노란색 쌓기나무의 뒤에 파란색 쌓기나무가 있습니다.

기초 → 기본 연습　'몇 개 더 필요한가'는 뺄셈으로 구하자.

기초 똑같은 모양으로 쌓으려면 쌓기나무가 몇 개 필요한가요?

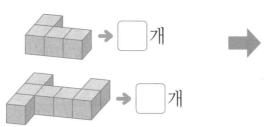

4-1 왼쪽 모양을 오른쪽 모양과 똑같이 만들려면 쌓기나무가 몇 개 더 필요한가요?

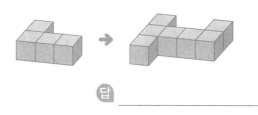

답 _____

4-2 수현이가 오른쪽 모양과 똑같은 모양으로 쌓으려면 쌓기나무가 몇 개 더 필요한가요?

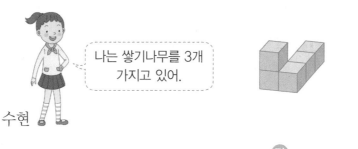

나는 쌓기나무를 3개 가지고 있어.

수현

답 _____

4-3 보기 의 모양과 똑같이 쌓으려고 합니다. 석진이와 태형이가 쌓은 모양에서 쌓기나무가 더 많이 필요한 사람은 누구인가요?

보기

석진

태형

 답 _____

 교과서 기초 개념

- **일의 자리에서 받아올림이 있는 (두 자리 수)+(한 자리 수)**

  예 17+5의 계산

  일의 자리에서 받아올림한 수

$$
\begin{array}{r}
1\ 7 \\
+\ \ 5 \\
\end{array}
\rightarrow
\begin{array}{r}
\overset{1}{1}\ 7 \\
+\ \ 5 \\
\hline
\end{array}
\rightarrow
\begin{array}{r}
\overset{1}{1}\ 7 \\
+\ \ 5 \\
\hline
2 \\
\end{array}
$$

  7+5=12 → ❶

  1+1=2 → ❷

  일의 자리 계산   십의 자리 계산

일의 자리 수끼리의 합에서 10이거나 10이 넘으면 십의 자리에 받아올림 하고 남은 수는 일의 자리에 써.

받아올림한 수는 십의 자리 수와 합하여 내려 써.

정답 ❶ 2   ❷ 2

[1-1 ~ 1-2] 수 모형을 보고 ☐ 안에 알맞은 수를 써넣으세요.

1-1

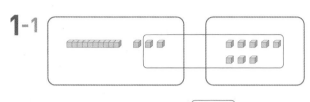

13+8=☐

1-2

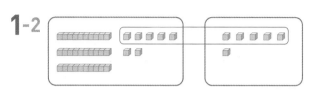

37+6=☐

[2-1 ~ 2-2] ☐ 안에 알맞은 수를 써넣으세요.

2-1 (1)
```
      ☐
    2 4
  +   7
  ☐ ☐
```
(2)
```
      ☐
    4 9
  +   5
  ☐ ☐
```

2-2 (1)
```
      ☐
    3 5
  +   9
  ☐
```
(2)
```
      ☐
    4 8
  +   7
  ☐
```

3-1 계산해 보세요.

(1)
```
    6 6
  +   7
```
(2)
```
    8 4
  +   6
```

3-2 계산해 보세요.

(1) 59+3　　(2) 76+5

4-1 빈칸에 알맞은 수를 써넣으세요.

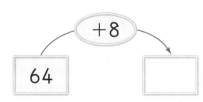

4-2 빈칸에 알맞은 수를 써넣으세요.

 교과서 기초 개념

- 일의 자리에서 받아올림이 있는 (두 자리 수)+(두 자리 수)

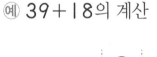 39+18의 계산

$$
\begin{array}{r}
3\,9 \\
+\ 1\,8 \\
\hline
\end{array}
$$
→
$$
\begin{array}{r}
\overset{1}{} \\
3\,9 \\
+\ 1\,8 \\
\hline
\text{❶}
\end{array}
$$
(9+8=17)

일의 자리 계산
→
$$
\begin{array}{r}
\overset{1}{} \\
3\,9 \\
+\ 1\,8 \\
\hline
\text{❷}\ 7
\end{array}
$$
(1+3+1=5)

십의 자리 계산

 일의 자리끼리, 십의 자리끼리 계산해야 해.

 일의 자리 수끼리의 합이 10이거나 10이 넘으면 십의 자리로 받아올림해.

1-1 수 모형을 보고 ☐ 안에 알맞은 수를 써넣으세요.

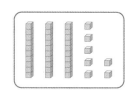 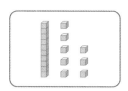

$$37 + 18 = \boxed{}$$

1-2 그림을 보고 ☐ 안에 알맞은 수를 써넣으세요.

$$39 + 29 = \boxed{}$$

[**2-1** ~ **2-2**] ☐ 안에 알맞은 수를 써넣으세요.

2-1 (1)
```
    ☐
    2 7
 +  3 6
 ───────
  ☐
```
(2)
```
    ☐
    4 5
 +  2 8
 ───────
  ☐
```

2-2 (1)
```
    ☐
    1 9
 +  5 4
 ───────
  ☐
```
(2)
```
    ☐
    3 3
 +  4 7
 ───────
  ☐
```

3-1 계산해 보세요.

(1)
```
    3 5
 +  2 6
```
(2)
```
    2 8
 +  4 9
```

3-2 계산해 보세요.

(1) $25 + 45$

(2) $38 + 43$

4-1 빈칸에 알맞은 수를 써넣으세요.

4-2 빈칸에 알맞은 수를 써넣으세요.

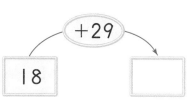

3일 기초 집중 연습

기본 문제 연습

[1-1 ~ 1-2] 계산해 보세요.

1-1 (1) $74 + 9 = \boxed{}$

(2) $27 + 56 = \boxed{}$

1-2 (1) $69 + 5 = \boxed{}$

(2) $34 + 18 = \boxed{}$

2-1 두 수의 합을 빈칸에 써넣으세요.

65	7

2-2 다음이 나타내는 수를 구하세요.

58보다 16만큼 더 큰 수

( )

3-1 그림을 보고 ☐ 안에 알맞은 수를 써넣으세요.

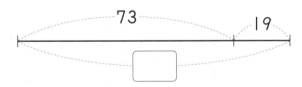

3-2 그림을 보고 ☐ 안에 알맞은 수를 구하세요.

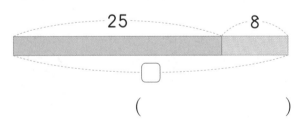

( )

4-1 크기를 비교하여 ◯ 안에 >, =, <를 알맞게 써넣으세요.

| 87+5 | ◯ | 95 |

4-2 계산 결과가 더 큰 것에 ◯표 하세요.

54+8	37+19
( )	( )

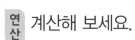 **연산 → 문장제 연습** '모두'는 덧셈으로 구하자.

연산 계산해 보세요.

$$47+16$$

 이 덧셈식이 어떤 상황에서 이용될까요?

5-1 석진이는 사탕을 47개, 젤리를 16개 가지고 있습니다. 석진이가 가지고 있는 사탕과 젤리는 모두 몇 개인가요?

식 ☐ + ☐ = ☐

답 _____

5-2 목장에 젖소는 67마리, 황소는 7마리 있습니다. 목장에 있는 소는 모두 몇 마리인가요?

식 _____

답 _____

5-3 윤수와 아라가 딸기를 땄습니다. 두 사람이 딴 딸기는 모두 몇 개인가요?

난 15개를 땄어.

10개씩 1묶음과 낱개 6개를 땄어.

윤수

아라

식 _____

답 _____

4일 덧셈과 뺄셈 덧셈 (3)

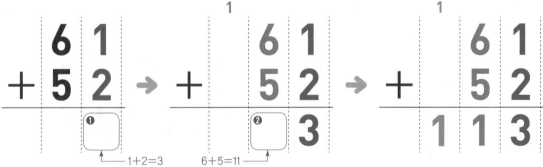

교과서 기초 개념

• 십의 자리에서 받아올림이 있는 (두 자리 수)+(두 자리 수)

예) 61+52의 계산

$$\begin{array}{r} 6\ 1 \\ +\ 5\ 2 \\ \hline \end{array}$$

→

$$\begin{array}{r} {\scriptstyle 1} \\ 6\ 1 \\ +\ 5\ 2 \\ \hline 3 \end{array}$$

→

$$\begin{array}{r} {\scriptstyle 1} \\ 6\ 1 \\ +\ 5\ 2 \\ \hline 1\ 1\ 3 \end{array}$$

❶ 1+2=3

일의 자리 계산

6+5=11 ❷

십의 자리 계산

일의 자리끼리, 십의 자리끼리 계산해.

십의 자리 수끼리의 합이 10이거나 10이 넘으면 백의 자리로 받아올림하여 백의 자리에 1을 내려 써.

정답 ❶ 3   ❷ 1

[1-1 ~ 1-2] 수 모형을 보고 ☐ 안에 알맞은 수를 써넣으세요.

1-1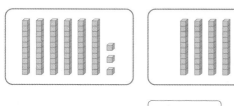

$63 + 44 = $ ☐

1-2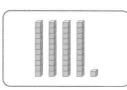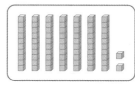

$41 + 72 = $ ☐

2-1 ☐ 안에 알맞은 수를 써넣으세요.

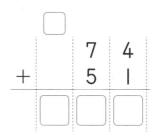

2-2 계산해 보세요.

(1)
```
    9 2
  + 8 4
```

(2)
```
    5 3
  + 6 2
```

[3-1 ~ 3-2] 두 수의 합을 구하세요.

3-1 | 96, 92 |

(   )

3-2 | 84 | | 53 |

(   )

4-1 빈칸에 알맞은 수를 써넣으세요.

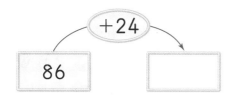

4-2 빈칸에 알맞은 수를 써넣으세요.

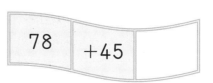

빨리 가자!
아까 빵집에서 문제를
맞추면 빵을 준다고 했어.

휴~ 겨우
도착했네.

헉헉!
숨차~

이…이제 마지막 문제입니다.
33-7의 답은?

정답~! 26!

저…정~답
입니다.

이러다
우리 가게
거덜나겠네
…

호호호~
내가 또 맞췄네.

맛있겠다.

교과서 기초 개념

• 받아내림이 있는 (두 자리 수)−(한 자리 수)

예 32−8의 계산

일의 자리로 →
받아내림하고
남은 수

$$\begin{array}{r} \overset{2}{\cancel{3}} \ \ \overset{10}{2} \\ -\ \ \ \ 8 \\ \hline \end{array}$$ → $$\begin{array}{r} \overset{2}{\cancel{3}} \ \ \overset{10}{2} \\ -\ \ \ \ 8 \\ \hline ❶ \end{array}$$ → $$\begin{array}{r} \overset{2}{\cancel{3}} \ \ \overset{10}{2} \\ -\ \ \ \ 8 \\ \hline ❷ \ 4 \end{array}$$

10+2−8=4
일의 자리 계산

3−1=2
십의 자리 계산

 일의 자리 수끼리 뺄 수 없으면
십의 자리에서 10을 받아내림하여
계산해.

 십의 자리에는 받아내림하고
남은 수를 내려 쓰면 돼.

[1-1 ~ 1-2] 수 모형을 보고 ☐ 안에 알맞은 수를 써넣으세요.

1-1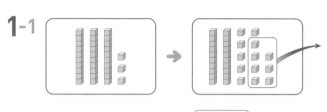

$$33-7=\boxed{}$$

1-2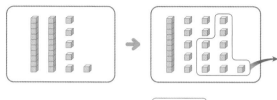

$$26-9=\boxed{}$$

2-1 ☐ 안에 알맞은 수를 써넣으세요.

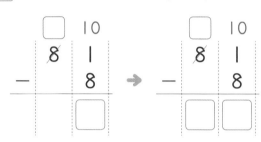

2-2 ☐ 안에 알맞은 수를 써넣으세요.

(1)　　　　　　(2)

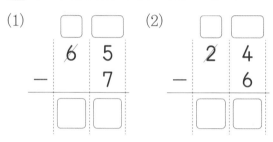

3-1 계산해 보세요.

$$(1)\quad\begin{array}{r}7\ 1\\-\ \ \ 7\\\hline\end{array}\qquad(2)\quad\begin{array}{r}4\ 2\\-\ \ \ 3\\\hline\end{array}$$

3-2 계산해 보세요.

(1) $80-7$

(2) $53-6$

4-1 두 수의 차를 빈칸에 써넣으세요.

5	5 1

4-2 두 수의 차를 구하세요.

36, 8

(　　　　　　)

기초 집중 연습

 기본 문제 연습

[**1**-1 ~ **1**-2] 계산해 보세요.

1-1 (1) 76+42= ☐

(2) 51−6= ☐

1-2 (1) 82+52= ☐

(2) 63−8= ☐

[**2**-1 ~ **2**-2] 계산 결과를 찾아 선으로 이어 보세요.

2-1

82+43 ·

56+74 ·

· 125

· 127

· 130

2-2

61−4   54−8

35   46   57

3-1 다음이 나타내는 수를 구하세요.

70보다 4만큼 더 작은 수

( )

3-2 준희가 설명하는 수를 구하세요.

97보다 22만큼 더 큰 수

준희

( )

[**4**-1 ~ **4**-2] 계산에서 잘못된 곳을 찾아 바르게 고쳐 보세요.

4-1

```
    5 2
−     5
    5 7
```
→
```
    5 2
−     5
```

4-2

```
    8 4
−     6
    8 8
```
→
```
    8 4
−     6
```

▶ 정답 및 풀이 11쪽

 연산 → 문장제 연습 '남은', '~보다 ~더 많이(적게)'는 뺄셈으로 구하자.

연산 계산해 보세요.

21 − 7

 이 뺄셈식은 어떤 상황에서 이용될까요?

5-1 사탕이 21개 있습니다. 그중 7개를 먹었습니다. 남은 사탕은 몇 개인가요?

식 ☐ − ☐ = ☐ _____

답 _____

5-2 지은이는 동화책을 어제는 63쪽, 오늘은 어제보다 6쪽 더 적게 읽었습니다. 지은이가 오늘 읽은 동화책은 몇 쪽인가요?

식 _____

답 _____

5-3 세 사람이 한 줄넘기 횟수입니다. 줄넘기를 가장 많이 한 사람은 가장 적게 한 사람보다 몇 회 더 많이 했나요?

난 68회 했어.　민호

난 95회 했어.　민하

난 72회 했어.　정우

식 _____

답 _____

 교과서 기초 개념

• 받아내림이 있는 (몇십)−(몇십몇)

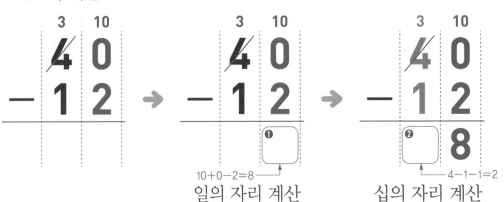

예 40−12의 계산

$$\begin{array}{cc} 3 & 10 \\ \not{4} & 0 \\ - \ 1 & 2 \\ \hline \end{array} \rightarrow \begin{array}{cc} 3 & 10 \\ \not{4} & 0 \\ - \ 1 & 2 \\ \hline & \boxed{①} \end{array} \rightarrow \begin{array}{cc} 3 & 10 \\ \not{4} & 0 \\ - \ 1 & 2 \\ \hline \boxed{②} & 8 \end{array}$$

10+0−2=8

일의 자리 계산

4−1−1=2

십의 자리 계산

 일의 자리끼리 뺄 수 없으므로 십의 자리에서 받아내림하여 계산해.

십의 자리에서 10을 받아내림하고 십의 자리는 남은 수로 계산해.

정답 ❶ 8   ❷ 2

1-1 수 모형을 보고 ☐ 안에 알맞은 수를 써넣으세요.

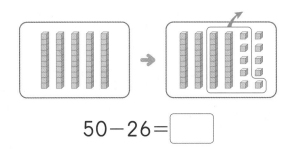

$$50-26=\boxed{}$$

1-2 그림을 보고 ☐ 안에 알맞은 수를 써넣으세요.

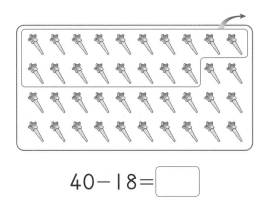

$$40-18=\boxed{}$$

2-1 ☐ 안에 알맞은 수를 써넣으세요.

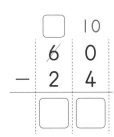

2-2 ☐ 안에 알맞은 수를 써넣으세요.

(1)
```
   ☐ ☐
   7 0
 - 3 1
 ─────
   ☐
```

(2)
```
   ☐ ☐
   3 0
 - 1 2
 ─────
   ☐
```

3-1 계산해 보세요.

(1)
```
   4 0
 - 1 3
 ─────
```

(2)
```
   9 0
 - 7 5
 ─────
```

3-2 계산해 보세요.

(1) $80-57$

(2) $60-29$

4-1 ☐ 안에 알맞은 수를 써넣으세요.

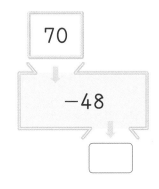

4-2 빈칸에 알맞은 수를 써넣으세요.

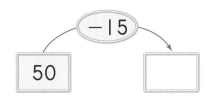

생쥐야, 너 색종이 몇 장 있어?

34장에서 너한테 19장 줬잖아. 15장 남았네. 너는 몇 장인데?

$$\begin{array}{r} \overset{2\ \ 10}{\cancel{3}\ 4} \\ -\ 1\ 9 \\ \hline 1\ 5 \end{array}$$

나 32장.

정말?

와, 진짜 많네.

그게 뭐가 많아? 난 50장 있는데. 하하하!

우와

교과서 기초 개념

• 받아내림이 있는 (두 자리 수)−(두 자리 수)

예 31−15의 계산

$$\overset{2}{\cancel{3}}\ \overset{10}{1} \quad - \quad \begin{array}{c} 1 \\ 5 \end{array}$$
→
$$\overset{2}{\cancel{3}}\ \overset{10}{1} \quad - \quad \begin{array}{c} 1 \\ 5 \end{array} \quad \boxed{❶}$$
10+1−5=6
일의 자리 계산
→
$$\overset{2}{\cancel{3}}\ \overset{10}{1} \quad - \quad \begin{array}{c} 1 \\ 5 \\ \hline 6 \end{array} \quad \boxed{❷}$$
3−1−1=1
십의 자리 계산

일의 자리끼리 뺄 수 없으므로 십의 자리에서 받아내림하여 계산해.

십의 자리 계산에서 받아내림하고 남은 수로 계산하여 십의 자리에 써.

정답   ❶ 6   ❷ 1

1-1 그림을 보고 ☐ 안에 알맞은 수를 써넣으세요.

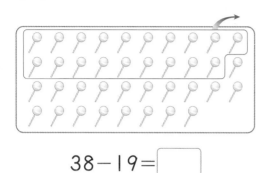

$$38-19=\boxed{}$$

1-2 수 모형을 보고 ☐ 안에 알맞은 수를 써넣으세요.

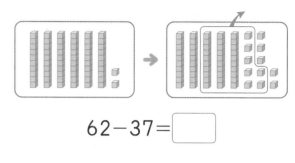

$$62-37=\boxed{}$$

2-1 ☐ 안에 알맞은 수를 써넣으세요.

(1)
```
  □ □
  6 5
- 4 8
─────
  □ □
```

(2)
```
  □ □
  8 1
- 3 7
─────
  □ □
```

2-2 계산해 보세요.

(1)
```
   5 3
 - 2 5
```

(2)
```
   4 7
 - 1 9
```

[**3-1 ~ 3-2**] 세로셈으로 나타내어 계산해 보세요.

3-1

$$\boxed{94-66} \Rightarrow$$

3-2

$$\boxed{41-29} \Rightarrow$$

4-1 두 수의 차를 구하세요.

$$\boxed{84,\ 45}$$

(   )

4-2 두 수의 차를 빈칸에 써넣으세요.

기초 집중 연습

기본 문제 연습

1-1 ☐ 안에 알맞은 수를 써넣으세요.

(1) $50-16=$ ☐

(2) $57-28=$ ☐

1-2 계산해 보세요.

(1) $60-33$

(2) $84-56$

[**2**-1 ~ **2**-2] 그림을 보고 ☐ 안에 알맞은 수를 써넣으세요.

2-1

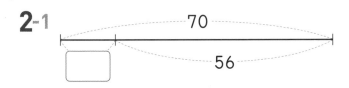

2-2

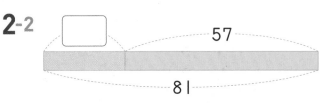

[**3**-1 ~ **3**-2] 가장 큰 수와 가장 작은 수의 차를 구하세요.

3-1

| 60 | 19 | 43 |

( )

3-2

| 39 | 76 | 28 |

( )

4-1 계산 결과를 비교하여 더 작은 것에 ○표 하세요.

| 90 − 47 | 81 − 33 |

( ) ( )

4-2 계산 결과를 비교하여 ○ 안에 >, =, <를 알맞게 써넣으세요.

$72-56$ ○ $40-18$

연산 → 문장제 연습   '남아 있는'은 뺄셈으로 구하자.

연산 계산해 보세요.

$$30 - 13$$

이 뺄셈식은 어떤 상황에서 이용될까요?

5-1 주차장에 자동차가 30대 있습니다. 이 중 13대가 빠져 나갔습니다. 주차장에 남아 있는 자동차는 몇 대인가요?

식   ▢ ─ ▢ = ▢

답 ＿＿＿＿＿＿＿＿＿＿＿

5-2 운동장에 85명이 있습니다. 잠시 후 교실로 69명이 들어 갔습니다. 운동장에 남아 있는 사람은 몇 명인가요?

식 ＿＿＿＿＿＿＿＿＿＿＿＿＿＿＿＿＿＿＿

답 ＿＿＿＿＿＿＿＿＿＿＿

5-3 태형이는 길이가 90 cm인 색 테이프를 64 cm 잘라 사용하였습니다. 사용하고 남은 색 테이프는 몇 cm인가요?

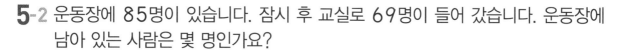

90 cm

식 ＿＿＿＿＿＿＿＿＿＿＿＿＿＿＿＿＿＿＿

답 ＿＿＿＿＿＿＿＿＿＿＿

1 그림을 보고 □ 안에 알맞은 수를 써넣으세요.

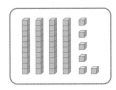 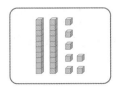

$$46+27=\boxed{}$$

2 계산해 보세요.

$$
\begin{array}{r}
3\ 2 \\
-\quad 7 \\
\hline
\end{array}
$$

3 오각형을 그려 보세요.

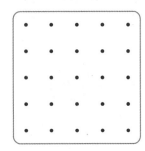

4 육각형을 찾아 기호를 써 보세요.

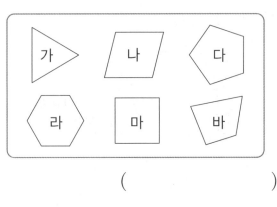

(   )

5 쌓기나무 4개로 모양을 만든 사람은 누구인가요?

(   )

6 왼쪽 모양에서 쌓기나무 1개를 빼내어 오른쪽과 똑같은 모양을 만들려고 합니다. 빼내야 할 쌓기나무를 찾아 기호를 써 보세요.

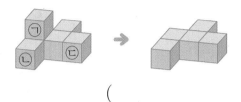

( )

7 크기를 비교하여 ○ 안에 >, =, <를 알맞게 써넣으세요.

$$74 - 36 \bigcirc 30$$

8 수호는 초콜릿 25개 중에서 7개를 먹었습니다. 남은 초콜릿은 몇 개인가요?

( )

9 도형에 대한 설명입니다. 바르게 설명한 것을 찾아 기호를 써 보세요.

> ㉠ 육각형은 꼭짓점이 5개입니다.
> ㉡ 육각형은 오각형보다 변의 수가 더 많습니다.

( )

10 어느 상자에 야구공과 축구공이 다음과 같은 수만큼 들어 있습니다. 이 상자에 들어 있는 야구공과 축구공은 모두 몇 개인가요?

27개   14개

식 _____

답 _____

2주
평가

석진, 지민, 정국이가 TV로 각자 축구, 야구, 농구 경기를 보려고 합니다. 세 사람이 각자 보려고 하는 운동 경기를 알아보세요. (단, 한 사람이 하나의 운동 경기만 봅니다.)

 누가 어떤 운동 경기를 보려고 하는지 빈칸에 알맞게 써넣어 봐~

축구	야구	농구

 선생님이 칠판에 여러 가지 도형을 그렸습니다. 선생님이 그린 도형을 보고 민호, 현우, 성재가 각자 그리고 싶은 도형을 한 개씩 그렸습니다. 세 사람이 그린 도형을 알아보세요.

한 사람이 한 가지 도형을 그려 보세요.

내가 그린 도형은 변이 4개야.

민호

난 성재가 그린 도형보다 꼭짓점의 수가 2개 더 적어.

현우

내가 그린 도형은 변이 몇 개야?

성재

세 사람이 각자 그린 도형을
빈칸에 써넣어 봐~

민호	현우	성재

창의·융합·코딩

코딩 3 다음 도형의 이름을 ☐ 안에 써넣고 규칙에 따라 나오는 말을 ☐ 안에 써 보세요.

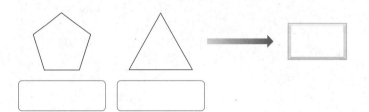

규칙

• 두 도형의 이름이 같으면 '예'라고 말합니다.
• 두 도형의 이름이 다르면 '아니요'라고 말합니다.

융합 4 어느 지하철역에 보관함이 60개 있습니다. 다음과 같이 보관함을 사용 중이라면 비어 있는 보관함은 몇 개인가요?

지금 사용 중인
보관함은 26개야.

그렇다면
비어 있는 보관함은?

 답 _____

▶정답 및 풀이 **14**쪽

창의 5   수가 쓰여 있는 돌림판을 2번 돌렸을 때 가리킨 판에 적힌 수의 합에 따라 선물을 받을 수 있습니다. 수현이가 돌림판을 돌렸더니 노란색 판과 초록색 판을 한 번씩 가리켰습니다. 수현이는 어떤 선물을 받을 수 있나요?

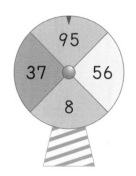

합이 54이면 51과 75 사이의 수이니까 지갑을 받을 수 있을 거야.

합	10~25	26~50	51~75	76~100
선물 종류	곰 인형	모자	지갑	가방

답 _____

창의 6   은광이는 방 탈출 게임에서 비밀의 방에 갇혔습니다. 이 비밀의 방에서는 지워진 벽화를 완성하면 비밀의 문이 열립니다. 지워진 부분에 알맞은 도형을 그려서 은광이가 비밀의 방을 탈출할 수 있게 도와주세요.

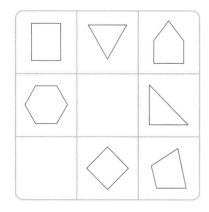

각 가로줄에 있는 세 도형의 변의 수의 합은 모두 같아.

융합 **7** 옛날 우리나라 사람들은 다음과 같이 산가지라 불리는 나뭇가지를 사용하여 수를 나타냈습니다. 산가지로 나타낸 두 수의 계산 결과를 구하세요.

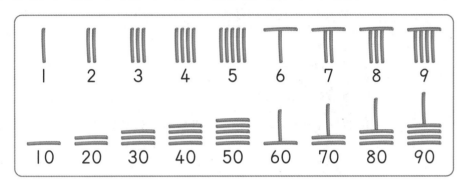

코딩 **8** 블록 명령어에 따라 지나온 칸에 쓰여 있는 수를 모두 더한 값을 표시하는 로봇이 있습니다. 다음의 명령을 실행했을 때 로봇에 표시된 수는 얼마인가요?

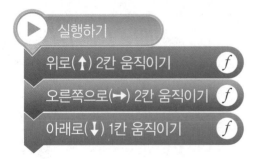

답 _____

지나가는 방향의 연산 명령에 따라 그 값을 나타내는 로봇이 있습니다. 이 로봇이 45부터 시작하여 지나간 방향이 그림과 같을 때 로봇이 나타내는 값을 구하세요.

로봇이 지나가는 방향	연산 명령
오른쪽(→)으로 한 칸 이동	+35
왼쪽(←)으로 한 칸 이동	-10
위쪽(↑)으로 한 칸 이동	+72
아래쪽(↓)으로 한 칸 이동	-39

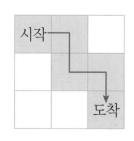

답 _____

창의 10 도형 ◯, △, ☐, ⬠, ⬡이 가로 줄과 세로 줄에 도형이 겹치지 않게 하나씩만 들어가도록 빈칸에 알맞은 도형을 그려 넣으세요.

━에 남은 도형은
◯과 ☐이고
━에 ☐가 있으므로
①에는 ◯가 들어가.

3주 덧셈과 뺄셈 ~ 길이 재기

이번 주에는 무엇을 공부할까? ①

1-2 덧셈과 뺄셈 (3)

3+9의 계산을
좀 더 쉽게 하려면?

9에 1을 더하면 10이 되니까
3을 2와 1로 가른 후 1을
9한테 줘서 10을 만든 다음
2를 더하면 쉽지~

1-1 ☐ 안에 알맞은 수를 써넣으세요.

$$8+5=\boxed{}$$

$$\boxed{} \qquad 3$$

1-2 ☐ 안에 알맞은 수를 써넣으세요.

$$4+9=\boxed{}$$

$$3 \qquad \boxed{}$$

2-1 ☐ 안에 알맞은 수를 써넣으세요.

$$16-7=\boxed{}$$

$$\boxed{} \qquad 1$$

2-2 ☐ 안에 알맞은 수를 써넣으세요.

$$12-8=\boxed{}$$

$$10 \qquad \boxed{}$$

1-1 비교하기

내 칼을 받아라~

애개~ 내 칼이 더 길다!

후크~ 네 칼은 요리하는 칼이니?

물건의 길이를 비교할 때 한쪽 끝을 맞춰야 해~

다른 쪽 끝을 비교해서 '더 길다, 더 짧다, 가장 길다, 가장 짧다'라고 해.

3-1 길이가 더 긴 것에 ○표 하세요.

( )

( )

3-2 길이가 더 짧은 것에 ○표 하세요.

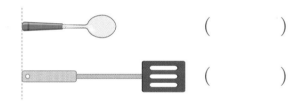

( )

( )

4-1 길이가 가장 긴 것을 찾아 기호를 써 보세요.

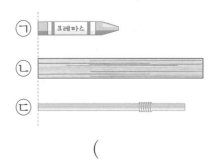

( )

4-2 길이가 가장 짧은 것을 찾아 기호를 써 보세요.

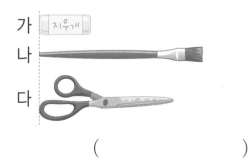

( )

$$34+38=34+30+8$$
$$=64+8=72$$

38을 30과 8로 가르기 하여
34와 30을 먼저 더한 다음
8을 더하는 방법입니다.

그것 밖에
안 돼?

아이고~
더 많이
해야겠네.

 교과서 기초 개념

• 여러 가지 방법으로 덧셈하기

방법1 **28 + 15**

38

43

 28에 10을 먼저
더한 후 5를 더하기~

방법2 **28 + 15**

2 **13**

30

43

15를 2와 13으로
가른 후 계산하기~

1-1 □ 안에 알맞은 수를 써넣으세요.

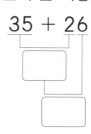

35 + 26

1-2 십의 자리 수를 먼저 더하는 방법으로 계산해 보세요.

49 + 34

2-1 □ 안에 알맞은 수를 써넣으세요.

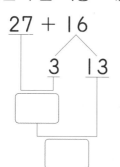

27 + 16

3   13

2-2 □ 안에 알맞은 수를 써넣으세요.

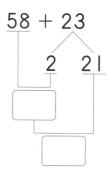

58 + 23

2   21

3-1 계산해 보세요.

$$19+24=19+20+\square$$
$$=39+\square$$
$$=\square$$

3-2 계산해 보세요.

$$46+29=46+20+\square$$
$$=66+\square$$
$$=\square$$

4-1 계산해 보세요.

$$28+14=28+2+\square$$
$$=30+\square$$
$$=\square$$

4-2 계산해 보세요.

$$37+35=37+3+\square$$
$$=40+\square$$
$$=\square$$

3주
1일

🐼 교과서 **기초 개념**

• 여러 가지 방법으로 뺄셈하기

방법 1   **52 − 27**

32

25

먼저 20을 빼고
7을 빼기~

방법 2   **52 − 27**

50   **2**

23

25

52를 50과 2로 가른 후
50에서 27을 빼고 2를 더하기.

1-1 ☐ 안에 알맞은 수를 써넣으세요.

$$72 - 17$$

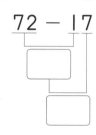

1-2 십의 자리 수를 먼저 빼는 방법으로 계산해 보세요.

$$65 - 28$$

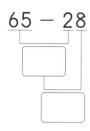

2-1 ☐ 안에 알맞은 수를 써넣으세요.

$$53 - 36$$

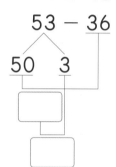

2-2 ☐ 안에 알맞은 수를 써넣으세요.

$$46 - 19$$

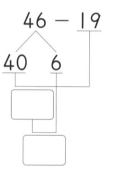

3-1 계산해 보세요.

$$82-37=82-30-\boxed{}$$
$$=52-\boxed{}$$
$$=\boxed{}$$

3-2 계산해 보세요.

$$62-26=62-20-\boxed{}$$
$$=42-\boxed{}$$
$$=\boxed{}$$

4-1 계산해 보세요.

$$54-18=50-18+\boxed{}$$
$$=32+\boxed{}$$
$$=\boxed{}$$

4-2 계산해 보세요.

$$76-47=70-47+\boxed{}$$
$$=23+\boxed{}$$
$$=\boxed{}$$

기초 집중 연습

기본 문제 연습

1-1 ☐ 안에 알맞은 수를 써넣으세요.

$$65-18=65-5-\boxed{}$$
$$=60-\boxed{}$$
$$=\boxed{}$$

1-2 ☐ 안에 알맞은 수를 써넣으세요.

$$74-36=74-4-\boxed{}$$
$$=70-\boxed{}$$
$$=\boxed{}$$

2-1 36+19를 보기와 같은 방법으로 계산해 보세요.

보기

$$25+28=25+20+8$$
$$=45+8$$
$$=53$$

2-2 67+24를 보기와 같은 방법으로 계산해 보세요.

보기

$$39+26=39+1+25$$
$$=40+25$$
$$=65$$

3-1 62−47을 보기와 같은 방법으로 계산해 보세요.

보기

$$56-19=56-10-9$$
$$=46-9$$
$$=37$$

3-2 83−26을 보기와 같은 방법으로 계산해 보세요.

보기

$$45-18=40-18+5$$
$$=22+5$$
$$=27$$

▶정답 및 풀이 16쪽

기초 → 기본 연습   어떤 방법으로 풀었는지 알아보자.

기초 ☐ 안에 알맞은 수를 써넣으세요.

$$49 + 25$$

위의 계산은 49+25를
어떤 방법으로 푼 것일까요?

4-1 계산해 보세요.

$$49+25=49+20+\boxed{}$$
$$=69+\boxed{}$$
$$=\boxed{}$$

4-2 29+56을 29를 30으로 만들기 위해 56을 가르기 하여 계산했습니다. ㉠에 알맞은 수를 구하세요.

$$29+56=29+\boxed{㉠}+55$$
$$=30+55=85$$

답 _____

4-3 71−38을 71을 가르기 하여 계산한 과정입니다. ㉡에 알맞은 수를 구하세요.

$$71-38=70-38+\boxed{㉡}$$
$$=\boxed{}+\boxed{㉡}=33$$

답 _____

일단 머리띠부터 사자~

왼쪽에 머리띠 15개, 오른쪽에 머리띠 16개 모두 31개 있어~

머리띠의 수를 덧셈식으로 나타내면?
15+16=31

언니가 말한 덧셈식을 뺄셈식으로 나타내면 31−16=150야.

덧셈식: 15+16=31

뺄셈식: 31−16=15

오! 내 친구다~

어……저기, 저…….

안녕?

오!

교과서 기초 개념

1. 덧셈식을 보고 뺄셈식 만들기

$$8+2=10 \begin{cases} 10-8=2 \\ 10-2=8 \end{cases}$$

덧셈식을 뺄셈식 2가지로 나타낼 수 있어~

2. 뺄셈식을 보고 덧셈식 만들기

$$9-2=7 \begin{cases} 7+2=9 \\ 2+7=9 \end{cases}$$

뺄셈식을 덧셈식 2가지로 나타낼 수 있어~

1-1 수직선을 보고 ☐ 안에 알맞은 수를 써 넣으세요.

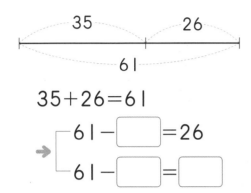

$$35+26=61$$

➡ $\begin{cases} 61-\boxed{}=26 \\ 61-\boxed{}=\boxed{} \end{cases}$

1-2 수직선을 보고 ☐ 안에 알맞은 수를 써 넣으세요.

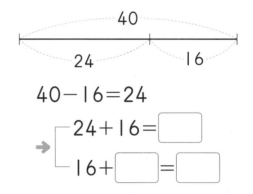

$$40-16=24$$

➡ $\begin{cases} 24+16=\boxed{} \\ 16+\boxed{}=\boxed{} \end{cases}$

2-1 덧셈식을 뺄셈식으로 나타내세요.

(1) $27+14=41$

➡ $\boxed{}-27=\boxed{}$

(2) $19+33=52$

➡ $\boxed{}-33=\boxed{}$

2-2 덧셈식을 뺄셈식으로 나타내세요.

(1) $73+18=91$

➡ $\boxed{}-73=\boxed{}$

(2) $48+35=83$

➡ $\boxed{}-\boxed{}=48$

3-1 뺄셈식을 덧셈식으로 나타내세요.

$$62-14=48$$

➡ $\begin{cases} 48+\boxed{}=62 \\ 14+\boxed{}=\boxed{} \end{cases}$

3-2 뺄셈식을 덧셈식으로 나타내세요.

$$56-27=29$$

➡ $\begin{cases} \boxed{}+27=56 \\ 27+\boxed{}=\boxed{} \end{cases}$

3주
2일

코끼리 열차에 32명이 탈 수 있대. 지금 17명이 타고 있으니 몇 명 더 탈 수 있을까?

코끼리 열차 타자!

15명 더 탈 수 있으니까 우리는 탈 수 있어.

$17 + \boxed{} = 32$

$32 - 17 = \boxed{}$

➡ $\boxed{} = 15$

안녕~

잘가, 친구야~

웬 공?

내 축구 솜씨를 보여 주지~ 앗!

신발만 잘 날아가네~

피융

교과서 기초 개념

1. 덧셈식에서 ☐의 값 구하기

$$15 + \boxed{} = 20$$

$$20 - 15 = \boxed{}$$

➡ $\boxed{} = 5$

■ + ▲ = ●
● − ▲ = ■
● − ■ = ▲

2. 뺄셈식에서 ☐의 값 구하기

$$\boxed{} - 5 = 8$$

$$8 + 5 = \boxed{}$$

➡ $\boxed{} = 13$

● − ■ = ▲
▲ + ■ = ●
■ + ▲ = ●

덧셈과 뺄셈의 관계를 이용하기~

덧셈식을 뺄셈식으로, 뺄셈식을 덧셈식으로 나타내서 ☐를 구할 수 있어~

1-1 빈 곳에 알맞은 수만큼 ○를 그리고, ☐ 안에 수를 써넣으세요.

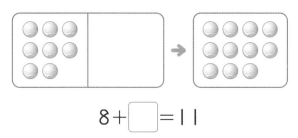

$$8+\boxed{}=11$$

1-2 빈 곳에 알맞은 수만큼 ○를 그리고, ☐ 안에 수를 써넣으세요.

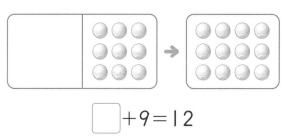

$$\boxed{}+9=12$$

2-1 선아는 연필 10자루를 가지고 있습니다. 동생에게 몇 자루를 주었더니 4자루가 남았습니다. ☐ 안에 알맞은 수를 써넣으세요.

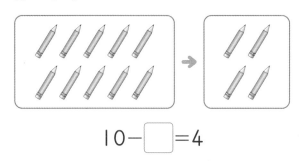

$$10-\boxed{}=4$$

2-2 현성이가 쿠키 15개 중에서 몇 개를 먹었더니 7개가 남았습니다. ☐ 안에 알맞은 수를 써넣으세요.

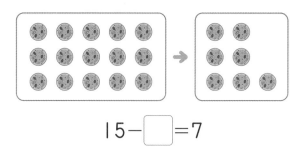

$$15-\boxed{}=7$$

3-1 그림을 보고 뺄셈식으로 나타내려고 합니다. ☐를 사용하여 알맞은 식을 써 보세요.

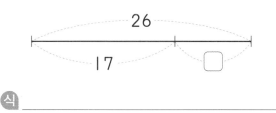

식 _____

3-2 그림을 보고 덧셈식으로 나타내려고 합니다. ☐를 사용하여 알맞은 식을 써 보세요.

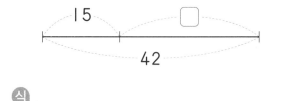

식 _____

3주
2일

기초 집중 연습

 기본 문제 연습

1-1 덧셈식을 뺄셈식으로 나타내세요.

$$24+59=83$$

→ $83-\boxed{}=24$

$83-\boxed{}=59$

1-2 뺄셈식을 덧셈식으로 나타내세요.

$$93-16=77$$

→ $77+\boxed{}=\boxed{}$

$\boxed{}+77=93$

2-1 ☐ 안에 알맞은 수를 써넣으세요.

(1) $37+\boxed{}=52$

(2) $\boxed{}+69=81$

2-2 ☐ 안에 알맞은 수를 써넣으세요.

(1) $\boxed{}+32=71$

(2) $46+\boxed{}=95$

3-1 덧셈식 $22+49=71$을 보고 뺄셈식으로 바르게 나타낸 것을 찾아 기호를 써 보세요.

ㄱ $71-22=49$
ㄴ $49-22=27$

(   )

3-2 뺄셈식 $41-28=13$을 보고 덧셈식으로 바르게 나타낸 사람의 이름을 써 보세요.

 민호
$$41+28=69$$

$$13+28=41$$
 준희

(   )

기초 → 문장제 연습 '몇 개'를 □라 놓고 식을 세우자.

기초 그림을 보고 덧셈식의 □ 안에 알맞은 수를 써넣으세요.

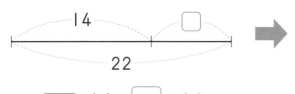

덧셈식 $14 + \boxed{} = 22$

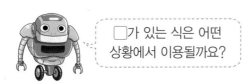 □가 있는 식은 어떤 상황에서 이용될까요?

4-1 바구니에 귤이 14개 있습니다. 진우가 몇 개를 더 넣었더니 귤이 22개가 되었습니다. 진우가 넣은 귤은 몇 개인지 □를 사용하여 식을 만들고 답을 구하세요.

식 _____

답 _____

4-2 상자에 사탕이 17개 있습니다. 어머니께서 몇 개를 더 넣으셨더니 사탕이 32개가 되었습니다. 어머니께서 넣으신 사탕은 몇 개인지 □를 사용하여 식을 만들고 답을 구하세요.

식 _____

답 _____

4-3 □의 값을 구하는 과정입니다. ㉠에 알맞은 수를 구하세요.

$$18 + \boxed{} = 44 \;\rightarrow\; 44 - ㉠ = \boxed{}$$

답 _____

3주
2일

 교과서 기초 개념

• 뼘으로 길이 재기

뼘으로 재는 방법에는 여러 가지가 있어.

1. 뼘으로 재는 방법

2. 뼘으로 재기

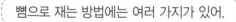

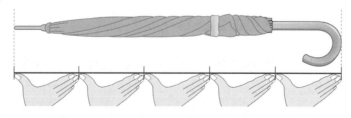

➡️ 우산의 길이는 ❶ 뼘입니다.

정답 ❶ 5

1-1 뼘으로 색 테이프의 길이를 잰 것입니다. ☐ 안에 알맞은 수를 써넣으세요.

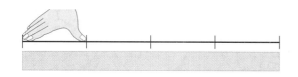

➡ 색 테이프의 길이는 ☐ 뼘입니다.

1-2 뼘으로 색 테이프의 길이를 잰 것입니다. ☐ 안에 알맞은 수를 써넣으세요.

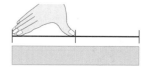

➡ 색 테이프의 길이는 ☐ 뼘입니다.

2-1 지팡이의 길이는 몇 뼘인가요?

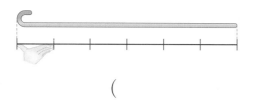

(   )

2-2 탁자의 긴 쪽의 길이는 몇 뼘인가요?

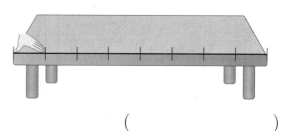

(   )

3주
3일

3-1 진우가 뼘으로 두 물건의 긴 쪽의 길이를 재었습니다. 긴 쪽의 길이가 더 긴 것은 무엇인가요?

책상	7뼘
텔레비전	5뼘

(   )

3-2 소정이가 뼘으로 두 물건의 긴 쪽의 길이를 재었습니다. 긴 쪽의 길이가 더 긴 것은 무엇인가요?

식탁	6뼘
침대	9뼘

(   )

얼마 후

신난다~
요술램프를
찾았다~

안녕?
반가워~

이제
나가자!

보석 막대기로
5번인 길로
나가야 해.

그럼 이쪽 길이네~

보석 막대기

자~ 가자!

오잉~
다시 제자리로
돌아왔네.

보석 막대기로
잘못 잰 것 아냐?

 교과서 **기초 개념**

• 물건으로 길이 재기

물건 길이가
짧을수록
여러 번 재야 하네!

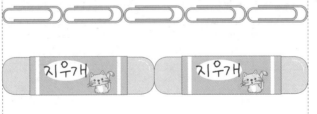

지우개   지우개

맞아~
재는 물건의 길이가
짧을수록 재야 하는
수가 커져~

➡ 색연필의 길이는 클립으로 [❶] 번입니다.

색연필의 길이는 지우개로 [❷] 번입니다.

1-1 붓의 길이를 풀로 잰 것입니다. ☐ 안에 알맞은 수를 써넣으세요.

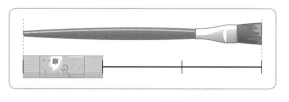

붓의 길이는 풀로 ☐ 번입니다.

1-2 빨대의 길이를 옷핀으로 잰 것입니다. ☐ 안에 알맞은 수를 써넣으세요.

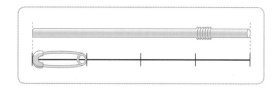

빨대의 길이는 옷핀으로 ☐ 번입니다.

2-1 크레파스의 길이는 클립으로 몇 번인가요?

(   )

2-2 바게트의 길이는 연필로 몇 번인가요?

(   )

3-1 색 테이프의 길이는 막대사탕과 초콜릿으로 각각 몇 번인가요?

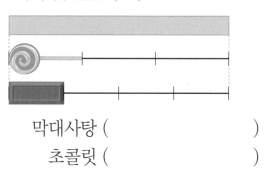

막대사탕 (   )
초콜릿 (   )

3-2 치약의 길이는 색 테이프 가와 나로 각각 몇 번인가요?

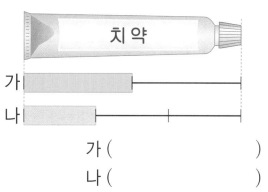

가 (   )
나 (   )

기초 집중 연습

 기본 문제 연습

1-1 길이를 잴 때 사용되는 단위 중에서 더 짧은 것에 ○표 하세요.

(   )   (   )

1-2 길이를 잴 때 사용되는 단위 중에서 더 긴 것에 ○표 하세요.

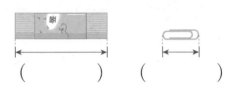

(   )   (   )

2-1 국자의 길이는 못으로 몇 번인가요?

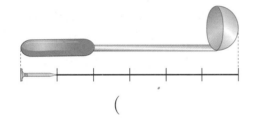

(   )

2-2 크레파스의 길이는 콩으로 몇 번인가요?

(   )

3-1 막대의 길이는 뼘으로 몇 뼘인지 <u>잘못</u> 말한 사람의 이름을 써 보세요.

민호   2뼘   3뼘   정우

(   )

3-2 나뭇잎의 길이는 뼘으로 몇 뼘인지 바르게 말한 사람의 이름을 써 보세요.

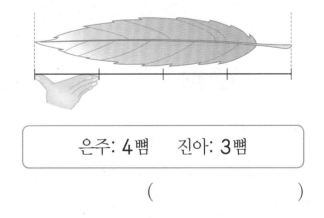

은주: 4뼘   진아: 3뼘

(   )

기초 → 기본 연습 　　잰 횟수가 더 큰 쪽이 더 길다는 것을 알고 비교하자.

기초 모형으로 모양 만들기를 하였습니다. 몇 개 연결하였나요?

답 _____

 모형으로 만든 모양의 길이를 비교해 볼까요?

4-1 모형으로 모양 만들기를 하였습니다. 더 길게 연결한 사람은 누구인지 이름을 써 보세요.

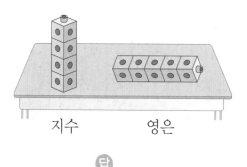

지수　　　　영은

답 _____

4-2 막대 가와 나의 길이를 클립으로 잰 것입니다. 길이가 더 긴 막대는 어느 것인지 기호를 써 보세요.

가: 15번　　　나: 12번

답 _____

4-3 뒤집게의 길이를 숟가락과 집게로 재었습니다. 숟가락과 집게 중에서 재어 나타 낸 수가 더 큰 것은 어느 것인가요?

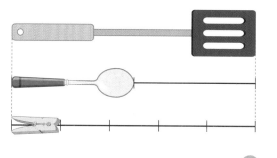

답 _____

3주
3일

교과서 기초 개념

· **1 cm 알아보기**

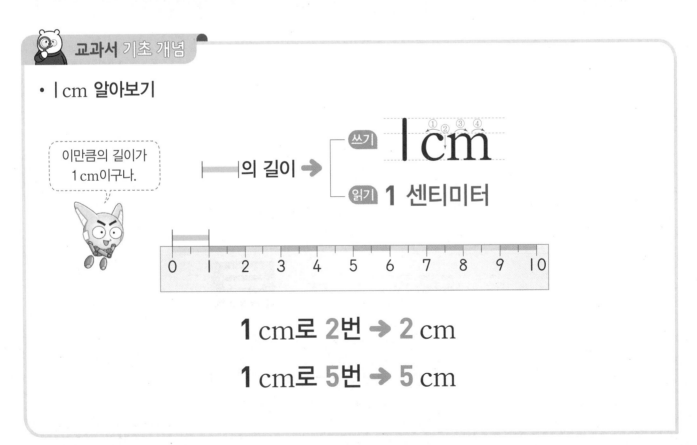

1 cm로 **2**번 ➜ **2** cm

1 cm로 **5**번 ➜ **5** cm

1-1 l cm를 바르게 2번 써 보세요.

l cm

1-2 2 cm를 바르게 2번 써 보세요.

2 cm

2-1 다음을 읽어 보세요.

2 cm

(   )

2-2 다음을 읽어 보세요.

7 cm

(   )

3-1 ☐ 안에 알맞은 수를 써넣으세요.

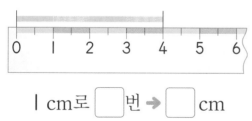

l cm로 ☐번 ➡ ☐cm

3-2 ☐ 안에 알맞은 수를 써넣으세요.

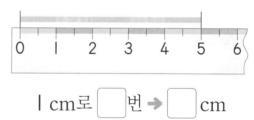

l cm로 ☐번 ➡ ☐cm

4-1 ☐ 안에 알맞은 수를 써넣으세요.

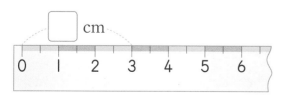

☐cm

4-2 ☐ 안에 알맞은 수를 써넣으세요.

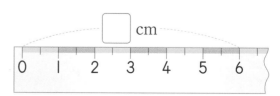

☐cm

3주
4일

교과서 기초 개념

• **자로 길이 재기** – 눈금에 딱 맞는 길이

1. 눈금 0에 맞추어 길이 재기

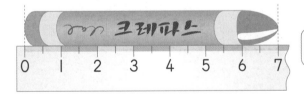

❶ ☐ cm

크레파스의 한끝을
자의 눈금 0에 맞추고
다른 끝에 있는 자의 눈금을
읽으면 7이므로 7 cm야.

2. 0이 아닌 눈금에 맞추어 길이 재기

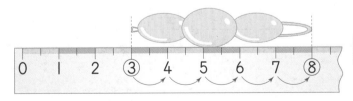

❷ ☐ cm

한끝을 맞춘 눈금에서
다른 끝까지 1 cm가
몇 번인지 세면
5번이므로 5 cm야.

1-1 ☐ 안에 알맞은 수를 써넣어 자를 완성해 보세요.

1-2 수가 지워진 부분에 수를 써서 자를 완성해 보세요.

2-1 못의 길이를 바르게 잰 것에 ○표 하세요.

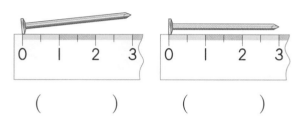

(   )   (   )

2-2 색 테이프의 길이를 바르게 잰 것을 찾아 기호를 써 보세요.

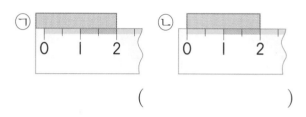

(   )

3-1 클립의 길이는 몇 cm인가요?

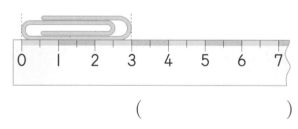

(   )

3-2 끈의 길이는 몇 cm인가요?

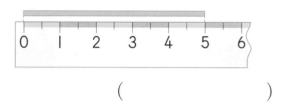

(   )

4-1 색 테이프의 길이는 몇 cm인가요?

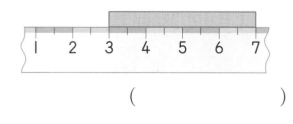

(   )

4-2 막대사탕의 길이는 몇 cm인가요?

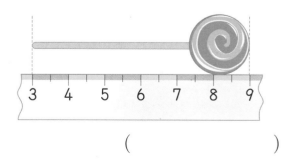

(   )

기초 집중 연습

기본 문제 연습

1-1 한 칸의 길이가 1 cm일 때 주어진 길이만큼 색칠해 보세요.

2 cm

1-2 한 칸의 길이가 1 cm일 때 주어진 길이만큼 색칠해 보세요.

5 cm

2-1 나무막대의 길이는 몇 cm인가요?

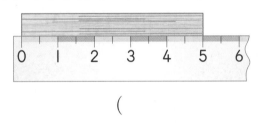

(   )

2-2 옷핀의 길이는 몇 cm인가요?

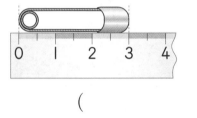

(   )

3-1 포크의 길이를 자로 재면 몇 cm인가요?

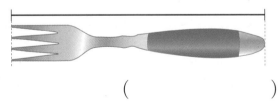

(   )

3-2 자석의 길이를 자로 재면 몇 cm인가요?

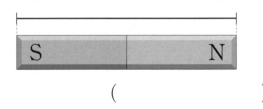

(   )

4-1 과자의 길이는 몇 cm인가요?

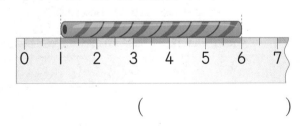

(   )

4-2 지우개의 길이는 몇 cm인가요?

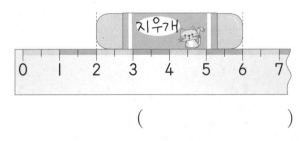

(   )

▶ 정답 및 풀이 19쪽

기초 → 기본 연습 1 cm가 몇 번인지 알아보자.

□ 안에 알맞은 수를 써넣으세요.

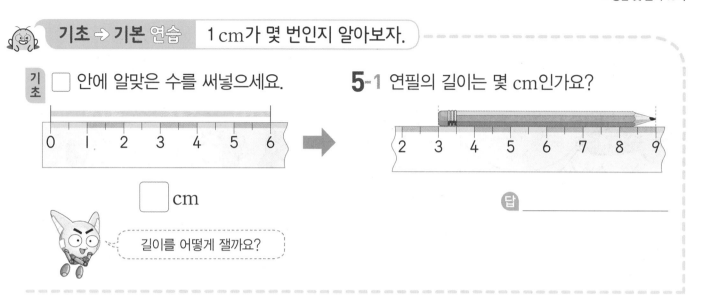

□ cm

길이를 어떻게 잴까요?

5-1 연필의 길이는 몇 cm인가요?

답 _____

5-2 밴드의 길이를 <u>잘못</u> 잰 사람의 이름을 써 보세요.

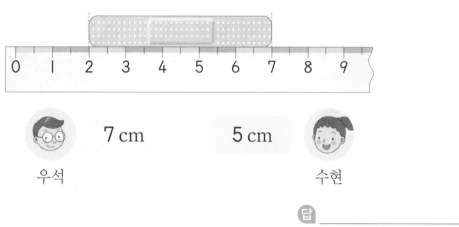

7 cm   5 cm

우석   수현

답 _____

5-3 리본 가와 나의 길이입니다. 길이가 더 긴 것의 기호를 써 보세요.

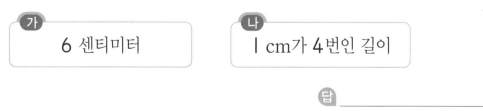

가	나
6 센티미터	1 cm가 4번인 길이

답 _____

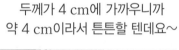

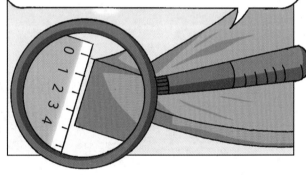

 교과서 기초 개념

- **자로 길이 재기** – 눈금 사이의 길이

> 길이가 자와 눈금 사이에 있을 때는 **가까이에 있는 쪽의 숫자**를 읽으며, 숫자 앞에 **약**을 붙여 말합니다.

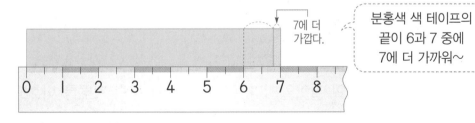

분홍색 색 테이프의 길이는 **7** cm에 가깝기 때문에

약 **7** cm입니다.

1-1 색 테이프의 길이는 약 몇 cm인가요?

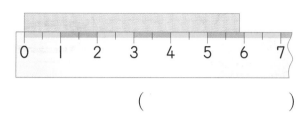

(　　　　　　　)

1-2 색 테이프의 길이는 약 몇 cm인가요?

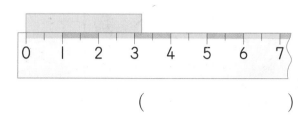

(　　　　　　　)

2-1 색연필의 길이는 약 몇 cm인가요?

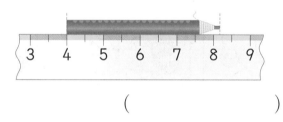

(　　　　　　　)

2-2 크레파스의 길이는 약 몇 cm인가요?

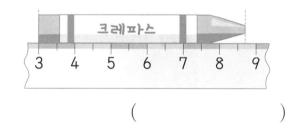

(　　　　　　　)

3-1 연필의 길이는 약 몇 cm인지 자로 재어 써 보세요.

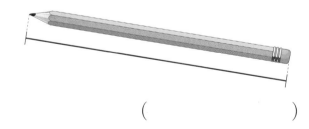

(　　　　　　　)

3-2 연필의 길이는 약 몇 cm인지 자로 재어 써 보세요.

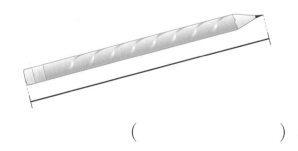

(　　　　　　　)

길이 재기   길이 어림하기

 교과서 기초 개념

- **길이 어림하기**

> 어림한 길이를 말할 때는 숫자 앞에 **약**을 붙여서 말합니다.

예 자를 이용하지 않고 머리핀의 길이 어림하기

약 **5** cm

1 cm가 5번 정도
될 것 같아.

약 5 cm라고
어림하면 돼~

1-1 색 테이프의 길이를 1 cm의 길이와 비교하여 어림해 보세요.

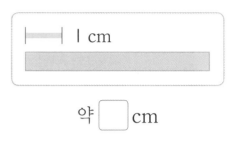

약 ☐ cm

1-2 막대의 길이를 1 cm의 막대와 비교하여 어림해 보세요.

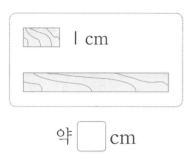

약 ☐ cm

2-1 껌의 길이를 어림하고 자로 재어 보세요.

어림한 길이: 약 (   )

자로 잰 길이: (   )

2-2 크레파스의 길이를 어림하고 자로 재어 보세요.

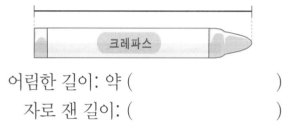

어림한 길이: 약 (   )

자로 잰 길이: (   )

3주
5일

[**3-1** ~ **3-4**] 실제 길이에 가장 가까운 것을 찾아 선으로 이어 보세요.

3-1

| 공깃돌 | • | • | 1 cm |
| 손톱깎기 | • | • | 5 cm |

3-2

| 볼펜 | • | • | 4 cm |
| 지우개 | • | • | 14 cm |

3-3

| 클립 | • | • | 9 cm |
| 풀 | • | • | 3 cm |

3-4

| 색연필 | • | • | 2 cm |
| 못 | • | • | 20 cm |

누구나 **100점 맞는** 테스트

1 길이를 잴 때 사용되는 단위 중에서 더 짧은 것에 ○표 하세요.

(   )   (   )

2 ☐ 안에 알맞은 수를 써넣으세요.

$$47 + 16$$

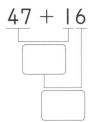

3 뼘으로 색 테이프의 길이를 잰 것입니다. ☐ 안에 알맞은 수를 써넣으세요.

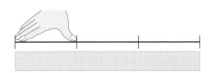

➡ 색 테이프의 길이는 ☐ 뼘입니다.

4 ☐ 안에 알맞은 수를 써넣으세요.

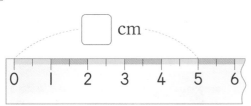

☐ cm

5 초코바의 길이는 몇 cm인가요?

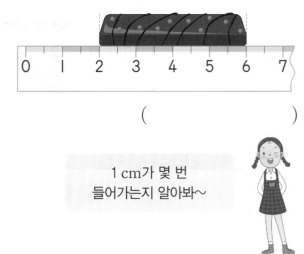

(   )

1 cm가 몇 번 들어가는지 알아봐~

6 허리띠의 길이는 풀로 몇 번인가요?

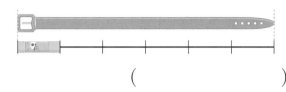

( )

7 그림을 보고 덧셈식으로 나타내려고 합니다. □를 사용하여 알맞은 식을 써 보세요.

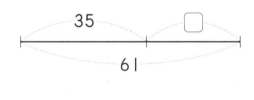

식 _____

8 뺄셈식을 덧셈식으로 나타내세요.

$$57-29=28$$

→ 28+□=57
□+28=□

9 □ 안에 알맞은 수를 써넣으세요.

$$64-28=64-4-□$$
$$=60-□$$
$$=□$$

10 국자의 길이를 자로 재었습니다. 국자의 길이는 약 몇 cm인가요?

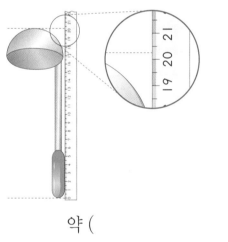

약 ( )

20과 21 중에 어느 수에 더 가까운지 알아봐~

3주

평가

[1~2] 장화는 몇 번에 넣어야 하는지 알아보려고 합니다. 물음에 답하세요.

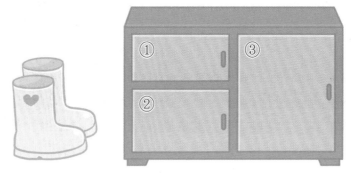

 그림에서 장화의 높이와 신발장의 높이를 어림해 봅니다.

장화의 높이보다 더 높은 신발장은 (① , ② , ③)입니다.

 그림에서 장화는 몇 번에 넣어야 하나요?

답 _____

[3~4] 과자와 꿀단지 중 개미에게 더 가깝게 있는 것을 알아보려고 합니다. 물음에 답하세요.

 3 과자와 꿀단지까지의 길이는 약 몇 cm인지 어림하고 자로 재어 보세요.

답   과자: 어림한 길이 _____, 자로 잰 길이 _____

꿀단지: 어림한 길이 _____, 자로 잰 길이 _____

어림할 때는 1 cm를 생각해 보고
1 cm로 몇 번인지 어림해 봐~

4 과자와 꿀단지 중 개미에게 더 가깝게 있는 것은 무엇인가요?

답 _____

코딩 5 규칙에 따라 수를 계산하는 코딩입니다. 이 코딩을 실행해서 나온 수를 구하세요.

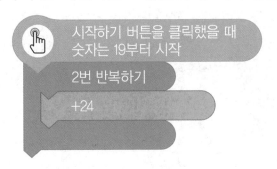

시작하기 버튼을 클릭했을 때
숫자는 19부터 시작

2번 반복하기

+24

이 코딩을 1번 반복하면
시작 숫자 19에 24를 더한
19+24의 값이 나와.

답 _____

창의 6 보기는 같은 선 위의 양쪽 끝에 있는 두 수의 차를 가운데에 쓴 것입니다. 보기와 같은 방법으로 빈 곳에 알맞은 수를 써넣으세요.

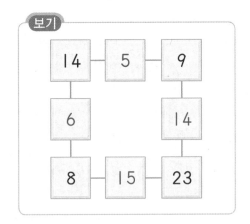

보기

14	5	9
6		14
8	15	23

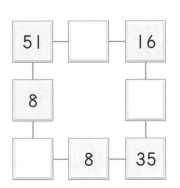

51		16
8		
	8	35

7 분홍색과 하늘색 털실의 길이를 각각 어림하고 자로 재어 본 후, 잰 길이를 비교해 보세요.

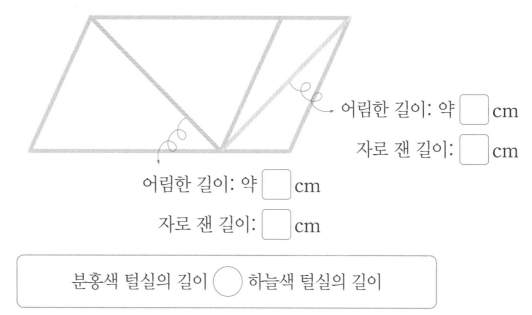

어림한 길이: 약 ☐ cm

자로 잰 길이: ☐ cm

어림한 길이: 약 ☐ cm

자로 잰 길이: ☐ cm

분홍색 털실의 길이 ◯ 하늘색 털실의 길이

3주
특강

8 민하가 구슬을 꿰어 팔찌를 2개 만들었습니다. 친구에게 선물해야 할 팔찌의 길이를 어림하여 기호를 써 보세요.

ㄱ

해수의 손목에는 10 cm 팔찌가 딱인데 어떤 거지?

민하

ㄴ

답 _____

[9~10] 개미 명령어를 만들어 보려고 합니다. 물음에 답하세요.

> 명령어 안에
> • 위쪽으로 3: 위쪽으로(↑) 3 cm 선을 긋습니다.
> • 아래쪽으로 4: 아래쪽으로(↓) 4 cm 선을 긋습니다.
> • 왼쪽으로 3: 왼쪽으로(←) 3 cm 선을 긋습니다.
> • 오른쪽으로 4: 오른쪽으로(→) 4 cm 선을 긋습니다.

 9 그어진 선을 보고 명령어를 완성해 보세요.

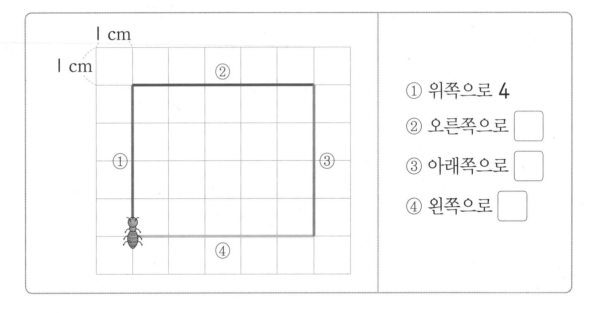

① 위쪽으로 4

② 오른쪽으로 [ ]

③ 아래쪽으로 [ ]

④ 왼쪽으로 [ ]

코딩 10 명령어를 보고 선을 그어 보세요.

① 위쪽으로 2

② 오른쪽으로 2

③ 위쪽으로 2

④ 오른쪽으로 1

⑤ 아래쪽으로 4

⑥ 왼쪽으로 3

창의11 1 cm, 2 cm, 3 cm 막대가 있습니다. 이 막대들을 여러 번 사용하여 서로 다른 방법으로 8 cm를 색칠하세요.

1 cm [ ]   2 cm [ ]   3 cm [ ]

8 cm

8 cm

8 cm

 코딩12 ☐+16=34에서 ☐를 구하는 코딩입니다. ☐를 구하세요.

☐+●=★에서 ●=16, ★=34를 입력합니다.
↓ ★−●를 계산합니다.
계산 결과를 출력합니다.

덧셈과 뺄셈의 관계를 이용하면
☐+●=★
➡ ★−●=☐
를 이용하는 코딩이야.

답

4주 분류하기 ~ 곱셈

이번 주에는 무엇을 공부할까? ①

이번 주에는 무엇을 공부할까? ②

1-2 여러 가지 모양

■ 모양끼리, ▲ 모양끼리,
● 모양끼리 모아 봐.

같은 모양끼리 모을 때에는
색깔, 크기에 관계없이
모양만 확인해.

1-1 ■, ▲, ● 모양 중에서 어떤 모양을 모아 놓은 것인가요?

(   )

1-2 ■, ▲, ● 모양 중에서 어떤 모양을 모아 놓은 것인가요?

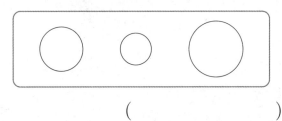

(   )

2-1 같은 모양의 물건은 무엇과 무엇인가요?

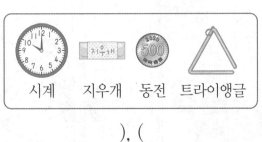

시계   지우개   동전   트라이앵글

(   ), (   )

2-2 같은 모양의 물건은 무엇과 무엇인가요?

공책   삼각자   거울   계산기

(   ), (   )

1-2 100까지의 수

4주 1일

3-1 귤은 모두 몇 개인지 세어 보세요.

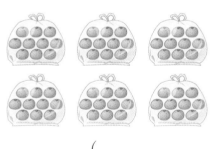

(   )

3-2 딸기는 모두 몇 개인지 세어 보세요.

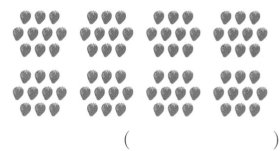

(   )

4-1 빈칸에 알맞은 수를 써넣으세요.

4-2 빈칸에 알맞은 수를 써넣으세요.

 교과서 기초 개념

• 분류할 수 있는 기준 알아보기

(1) 분명하지 않은 기준으로 분류하기

┌ 예쁜 것과 예쁘지 않은 것으로 분류하기

예쁜 것	예쁘지 않은 것

➔ 분류하는 사람마다
결과가 다를 수 있습니다.

(2) 분명한 기준으로 분류하기

┌ 색깔에 따라 분류하기

빨간색	노란색

➔ 어느 누가 분류를 하더라도
결과가 같습니다.

1-1 분류 기준으로 알맞은 것에 ◯표 하세요.

색깔	모양
( )	( )

1-2 분류 기준으로 알맞은 것에 ◯표 하세요.

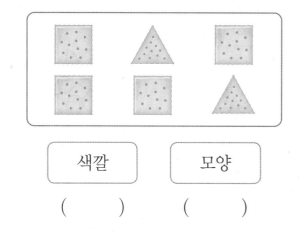

색깔	모양
( )	( )

2-1 모양을 기준으로 분류할 수 있는 것에 ◯표 하세요.

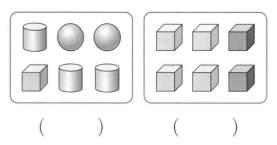

(   )   (   )

2-2 색깔을 기준으로 분류할 수 있는 것에 ◯표 하세요.

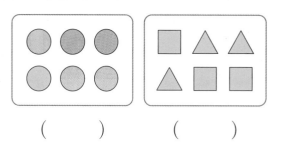

(   )   (   )

[**3-1** ~ **3-2**] 분류 기준으로 알맞은 것을 찾아 기호를 써 보세요.

3-1

㉠ 위에 입는 옷과 아래에 입는 옷
㉡ 편한 옷과 불편한 옷

(   )

3-2

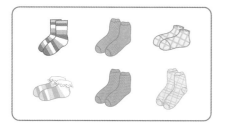

㉠ 예쁜 양말과 예쁘지 않은 양말
㉡ 무늬가 있는 양말과 없는 양말

(   )

 교과서 기초 개념

• 정해진 기준에 따라 분류하기

(1) 색깔에 따라 분류하기

진한 갈색	연한 갈색

(2) 모양에 따라 분류하기

1-1 분류한 기준으로 알맞은 것에 ○표 하세요.

(모양 , 색깔)

1-2 분류한 기준으로 알맞은 것에 ○표 하세요.

(크기 , 모양)

2-1 누름 못을 색깔에 따라 분류해 보세요.

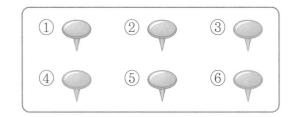

파란색	①, ▢ , ▢
노란색	③, ▢ , ▢

2-2 물건을 모양에 따라 분류해 보세요.

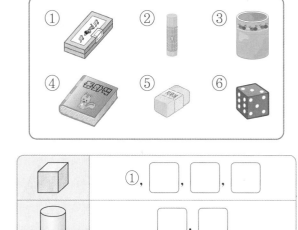

▨	①, ▢ , ▢ , ▢
▨	▢ , ▢

3-1 동물을 다리 수에 따라 분류하여 빈칸에 알맞은 번호를 써넣으세요.

2개	
4개	

3-2 탈 것을 바퀴 수에 따라 분류하여 빈칸에 알맞은 번호를 써넣으세요.

2개	
4개	

4주
1일

기초 집중 연습

1일

🐛 **기본 문제** 연습

[**1**-1 ~ **1**-2] 분류 기준으로 알맞은 것을 찾아 기호를 써 보세요.

1-1

ㄱ 좋아하는 인형과 좋아하지 않는 인형
ㄴ 노란색 인형과 갈색 인형

(   )

1-2

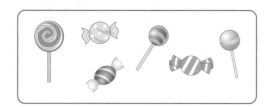

ㄱ 막대 사탕과 막대가 없는 사탕
ㄴ 맛있는 사탕과 맛없는 사탕

(   )

2-1 붙임딱지를 어떤 색깔로 분류할 수 있는지 모두 찾아 기호를 써 보세요.

(   )

2-2 머리핀을 어떤 모양으로 분류할 수 있는지 모두 찾아 기호를 써 보세요.

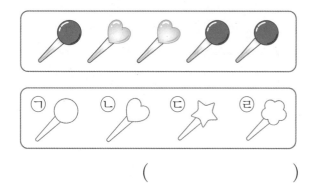

(   )

[**3**-1 ~ **3**-2] 잘못 분류한 것에 ○표 하세요.

3-1

동전	지폐

3-2

손잡이가 있는 것	손잡이가 없는 것

▶ 정답 및 풀이 22쪽

 기초 → 기본 연습 분류 기준에 따라 분류하자.

기초 빨간색 신발을 모두 찾아 기호를 써 보세요.

(   )

색깔을 기준으로
찾아봐요.

4-1 과일을 색깔에 따라 분류해 보세요.

빨간색	
노란색	

4-2 선아가 모은 단추입니다. 단추를 색깔에 따라 분류해 보세요.

노란색	
초록색	
파란색	

4-3 위 **4-2**에서 선아가 모은 단추를 보고 다른 분류 기준을 찾아 분류해 보세요.

분류 기준 (   )

교과서 기초 개념

• 분류하여 세어 보기

(1) 모양에 따라 분류하여 세면서 /표시를 하고 그 수를 세어 보기

모양		
세면서 표시하기	///	////
블록의 수(개)	3	❶

자료를 빠뜨리거나 중복해서 세지 않도록 표시를 하면서 세어 봐.

(2) 분류한 결과를 세면 좋은 점
- 가장 많거나 가장 적은 **자료의 종류와 수를 쉽게 알 수 있습니다.**
- 분류한 결과를 쉽게 알 수 있습니다.

정답 ❶ 4

[1-1 ~ 1-2] 종류에 따라 분류하고 그 수를 세어 보세요.

1-1

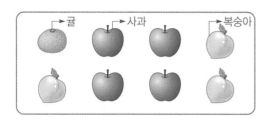

과일	귤	사과	복숭아
세면서 표시하기	/////	/////	/////
과일 수(개)	l		

1-2

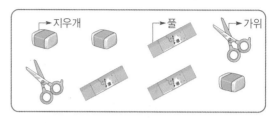

학용품	지우개	풀	가위
세면서 표시하기	/////	/////	/////
학용품 수(개)			

[2-1 ~ 2-2] 주어진 기준에 따라 분류하고 그 수를 세어 보세요.

2-1

분류 기준	색깔

색깔	초록색	분홍색	노란색
우산 수(개)			

2-2

분류 기준	색깔

색깔	노란색	보라색
티셔츠의 수(장)		

3-1 위 2-1의 우산을 주어진 기준에 따라 분류하고 그 수를 세어 보세요.

분류 기준	무늬

무늬	무늬가 없는 것	무늬가 있는 것
우산 수(개)		

3-2 위 2-2의 티셔츠를 주어진 기준에 따라 분류하고 그 수를 세어 보세요.

분류 기준	팔 길이

팔 길이	짧은 팔	긴 팔
티셔츠의 수(장)		

4주
2일

색깔	노란색	초록색	파란색	빨간색
병정 수 (명)	9	12	7	6

교과서 기초 개념

• 분류하고 결과 말해 보기

(1) 모둠 친구들이 좋아하는 아이스크림을 맛에 따라 분류하여 수를 세어 보기

↳딸기 맛 　　↳초코 맛 ↳바닐라 맛

맛	딸기	초코	바닐라
아이스크림 수(개)	5	3	2

(2) 분류한 결과 말해 보기

① 가장 많은 친구가 좋아하는 아이스크림 맛은 ❶(딸기 , 초코) 맛입니다.

② 가장 적은 친구가 좋아하는 아이스크림 맛은 ❷(초코 , 바닐라) 맛입니다.

분류하여 세어 보면 어떤 것이 얼마나 많은지 비교하기 편리해.

정답 ❶ 딸기에 ○표　　❷ 바닐라에 ○표

[1-1 ~ 3-1] 민정이네 집에 있는 화분 색깔을 조사하였습니다. 물음에 답하세요.

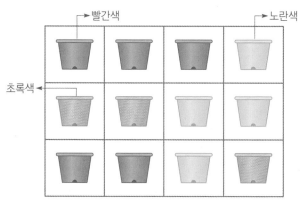

1-1 색깔에 따라 분류하고 그 수를 세어 보세요.

색깔	빨간색	노란색	초록색
세면서 표시하기	//////	//////	//////
화분 수(개)			

[1-2 ~ 3-2] 유미네 반 학생들이 좋아하는 음료를 조사하였습니다. 물음에 답하세요.

1-2 종류에 따라 분류하고 그 수를 세어 보세요.

종류	우유	주스	사이다	콜라
세면서 표시하기	//////	//////	//////	//////
학생 수(명)				

4주
2일

2-1 가장 많은 화분 색깔에 ○표 하세요.

(빨간색 , 노란색 , 초록색)

2-2 가장 많은 학생이 좋아하는 음료에 ○표 하세요.

(우유 , 주스 , 사이다 , 콜라)

3-1 가장 적은 화분 색깔에 ○표 하세요.

(빨간색 , 노란색 , 초록색)

3-2 가장 적은 학생이 좋아하는 음료에 ○표 하세요.

(우유 , 주스 , 사이다 , 콜라)

🦗 기본 문제 연습

1-1 벽에 있는 붙임딱지입니다. 모양에 따라 분류하고 그 수를 세어 보세요.

모양	⭐	🩷	🔶
붙임딱지 수(개)			

1-2 민호네 모둠 학생들이 좋아하는 채소를 조사하였습니다. 종류에 따라 분류하고 그 수를 세어 보세요.

오이	배추	당근	당근	배추
배추	배추	오이	배추	오이

종류	오이	배추	당근
학생 수(명)			

[**2**-1 ~ **3**-1] 책의 종류에 따라 분류하였습니다. 물음에 답하세요.

종류	이야기	동시	만화	과학
책 수(권)	7	6	7	8

2-1 가장 많은 책의 종류는 무엇인가요?

( )

3-1 책의 수가 같은 종류는 무엇과 무엇인가요?

( ), ( )

[**2**-2 ~ **3**-2] 현아네 반 학생 27명이 좋아하는 과일을 종류에 따라 분류하였습니다. 물음에 답하세요.

종류	사과	귤	배	복숭아
학생 수(명)	7	6	9	5

2-2 가장 많은 학생이 좋아하는 과일은 무엇인가요?

( )

3-2 사과와 귤을 좋아하는 학생은 모두 몇 명인가요?

( )

 기초 → 기본 연습 분류 기준으로 정한 항목을 생각하여 세어 보자.

기초 학급게시판을 꾸밀 모양 조각입니다. 사각형은 몇 개인가요?

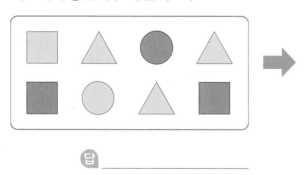

답 _____

4-1 소미가 가지고 있는 젤리입니다. 노란색 젤리는 몇 개인가요?

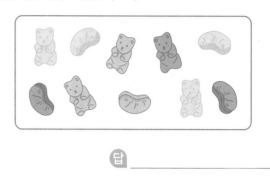

답 _____

4-2 칠판에 여러 가지 자석이 붙어 있습니다. 숫자 자석은 몇 개인가요?

답 _____

4-3 준혁이네 모둠 학생들입니다. 안경을 쓴 학생은 몇 명인가요?

답 _____

 교과서 기초 개념

- 사과의 수를 여러 가지 방법으로 세어 보기

(1) 하나씩 세기

    I, 2, 3, 4, 5, 6, 7, 8 → [❶] 개

(2) 뛰어서 세기

    → 2씩 뛰어서 세면 모두 [❷] 개입니다.

(3) 묶어서 세기

    → 2씩 묶어서 세면 [❸] 묶음이므로 모두 8개입니다.

1-1 가지는 모두 몇 개인지 하나씩 세어 보세요.

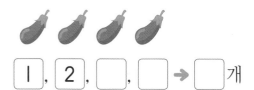

Ⅰ, 2, ☐, ☐ → ☐ 개

1-2 과자는 모두 몇 개인지 하나씩 세어 보세요.

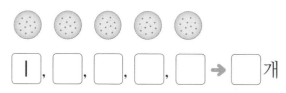

Ⅰ, ☐, ☐, ☐, ☐ → ☐ 개

2-1 은행잎은 모두 몇 장인지 2씩 뛰어서 세어 보세요.

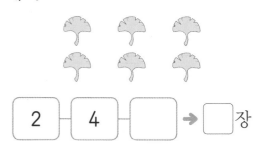

2　4　☐ → ☐ 장

2-2 딸기는 모두 몇 개인지 4씩 뛰어서 세어 보세요.

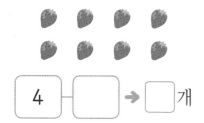

4　☐ → ☐ 개

3-1 공은 모두 몇 개인지 2씩 묶어서 세어 보세요.

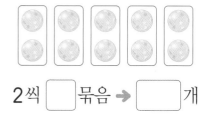

2씩 ☐ 묶음 → ☐ 개

3-2 토끼는 모두 몇 마리인지 3씩 묶어서 세어 보세요.

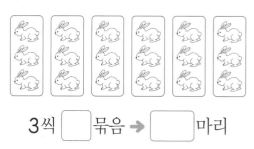

3씩 ☐ 묶음 → ☐ 마리

4-1 화분은 모두 몇 개인가요?

(　　　　　)

4-2 토마토는 모두 몇 개인가요?

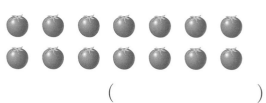

(　　　　　)

교과서 기초 개념

• 감자의 수 묶어 세어 보기

(1) **5**씩 묶어 세어 보기

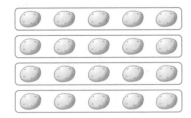

5	5	5	5

5씩 **4**묶음

5	10	15	❶

(2) **4**씩 묶어 세어 보기

4	4	4	4	4

4씩 **5**묶음

4	8	12	16	❷

1-1 클립은 모두 몇 개인지 묶어 세어 보세요.

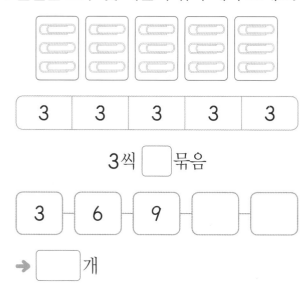

3	3	3	3	3

3씩 ☐ 묶음

3	6	9	☐	☐

→ ☐ 개

1-2 사탕은 모두 몇 개인지 묶어 세어 보세요.

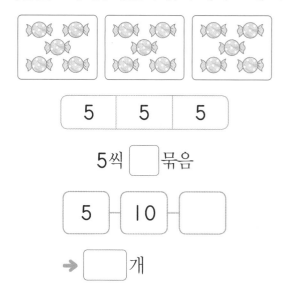

5	5	5

5씩 ☐ 묶음

5	10	☐

→ ☐ 개

2-1 달걀은 모두 몇 개인지 묶어 세어 보세요.

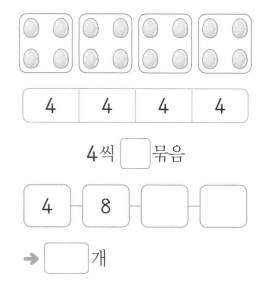

4	4	4	4

4씩 ☐ 묶음

4	8	☐	☐

→ ☐ 개

2-2 별은 모두 몇 개인지 묶어 세어 보세요.

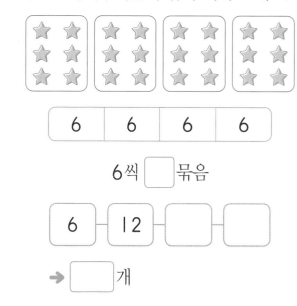

6	6	6	6

6씩 ☐ 묶음

6	12	☐	☐

→ ☐ 개

3-1 단추를 3씩 묶고, ☐ 안에 알맞은 수를 써넣으세요.

⊚ ⊚ ⊚ ⊚ ⊚ ⊚
⊚ ⊚ ⊚ ⊚ ⊚ ⊚

3씩 ☐ 묶음 → ☐ 개

3-2 단추를 2씩 묶고, ☐ 안에 알맞은 수를 써넣으세요.

⊚ ⊚ ⊚ ⊚ ⊚ ⊚
⊚ ⊚ ⊚ ⊚ ⊚ ⊚

2씩 ☐ 묶음 → ☐ 개

기본 문제 연습

1-1 배는 모두 몇 개인지 세어 보세요.

( )

1-2 리본은 모두 몇 개인지 세어 보세요.

( )

2-1 자동차는 모두 몇 대인지 4씩 뛰어서 세어 보세요.

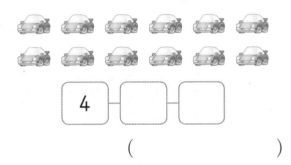

( )

2-2 우산은 모두 몇 개인지 5씩 뛰어서 세어 보세요.

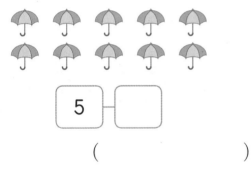

( )

3-1 구슬은 모두 몇 개인지 묶어 세려고 합니다. 물음에 답하세요.

(1) 6씩 몇 묶음인가요?

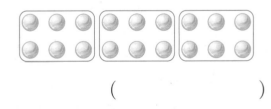

( )

(2) 구슬은 모두 몇 개인가요?

( )

3-2 튤립은 모두 몇 송이인지 묶어 세려고 합니다. 물음에 답하세요.

(1) 7씩 몇 묶음인가요?

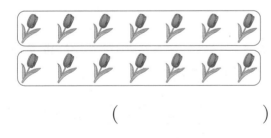

( )

(2) 튤립은 모두 몇 송이인가요?

( )

▶ 정답 및 풀이 25쪽

기초 → 기본 연습 | 몇씩 몇 묶음인지 묶어 세어 개수를 구하자.

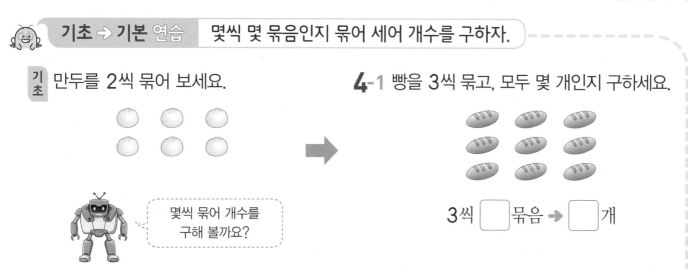

기초 만두를 2씩 묶어 보세요.

몇씩 묶어 개수를 구해 볼까요?

4-1 빵을 3씩 묶고, 모두 몇 개인지 구하세요.

3씩 ☐ 묶음 ➡ ☐ 개

4-2 카네이션을 4씩 묶고, 모두 몇 송이인지 구하세요.

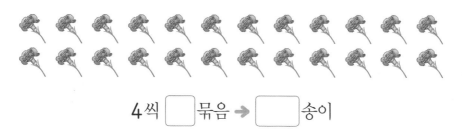

4씩 ☐ 묶음 ➡ ☐ 송이

4-3 야구공을 주어진 방법으로 묶고 모두 몇 개인지 구하세요.

방법 1 8씩 묶어 세어 보기

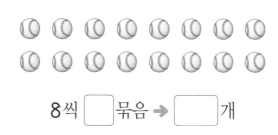

8씩 ☐ 묶음 ➡ ☐ 개

방법 2 2씩 묶어 세어 보기

2씩 ☐ 묶음 ➡ ☐ 개

4주 3일

교과서 기초 개념

• **2의 3배 알아보기**

2씩 3묶음은 입니다.

2씩 3묶음은 2의 3배입니다.

2의 3배는 [ ] 입니다.

참고 2씩 3묶음 ┐
      2의 3배 ┘ → 6

• **2의 4배를 덧셈식으로 나타내기**

2의 4배는 2를 4번 더한 것과 같습니다.

2의 4배 ➡ $\underbrace{2+2+2+2}_{4번} =$ [ ]

2의 ●배는 2를 ●번 더한 것과 같습니다.

정답 ❶ 6   ❷ 6   ❸ 8

[**1**-1 ~ **1**-2] 그림을 보고 ☐ 안에 알맞은 수를 써넣으세요.

1-1

2씩 7묶음 ➡ 2의 ☐ 배

1-2

3씩 4묶음 ➡ 3의 ☐ 배

[**2**-1 ~ **2**-2] 그림을 보고 ☐ 안에 알맞은 수를 써넣으세요.

2-1

4씩 4묶음은 ☐ 입니다.

➡ 4의 ☐ 배는 16입니다

2-2

2씩 6묶음은 ☐ 입니다.

➡ 2의 ☐ 배는 12입니다.

4주

4일

[**3**-1 ~ **3**-2] 그림을 보고 ☐ 안에 알맞은 수를 써넣으세요.

3-1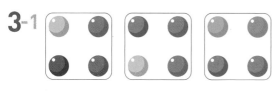

4의 3배

➡ 4 + ☐ + ☐ = ☐

3-2

4의 2배

➡ 4 + ☐ = ☐

4-1 의 2배만큼 ◯를 색칠하고, 색칠한 ◯는 모두 몇 개인지 써 보세요.

◯◯◯◯◯◯◯◯

(　　　　　)

4-2 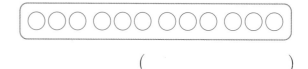의 2배만큼 ◯를 색칠하고, 색칠한 ◯는 모두 몇 개인지 써 보세요.

◯◯◯◯◯◯◯◯◯◯◯

(　　　　　)

 교과서 기초 개념

• **6은 2의 몇 배인지 알아보기**

6을 2씩 묶으면 3묶음이 됩니다.

➜ **6**은 **2**씩 **3**묶음입니다.

➜ **6**은 **2**의 **3**배입니다.

2의 몇 배인지 알아보려면
2씩 몇 묶음인지 확인해 봐.

• **8은 2의 몇 배인지 알아보기**

8을 2씩 묶으면 4묶음이 됩니다.

➜ 8은 2씩 ❶[ ]묶음입니다.

➜ 8은 2의 ❷[ ]배입니다.

참고 $8 = 2 + 2 + 2 + 2$
$\underbrace{}_{4번}$

➜ 8은 2를 4번 더한 것과 같습니다.

➜ 8은 2의 4배입니다.

정답 ❶ 4   ❷ 4

[1-1 ~ 1-2] 그림을 보고 ☐ 안에 알맞은 수를 써넣으세요.

1-1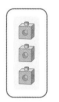

6은 3씩 ☐ 묶음입니다.

→ 6은 3의 ☐ 배입니다.

1-2

12는 3씩 ☐ 묶음입니다.

→ 12는 3의 ☐ 배입니다.

[2-1 ~ 2-2] 그림을 보고 ☐ 안에 알맞은 수를 써넣으세요.

2-1

10은 5의 ☐ 배입니다.

2-2

18은 6의 ☐ 배입니다.

3-1 6은 2의 몇 배인가요?

 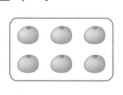

(   )

3-2 10은 2의 몇 배인가요?

(   )

[4-1 ~ 4-2] ㉡ 쌓기나무의 수는 ㉠ 쌓기나무의 수의 몇 배인가요?

4-1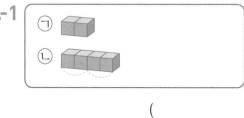

(   )

4-2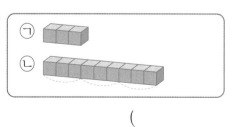

(   )

기초 집중 연습

1-1 구슬은 모두 몇 개인가요?

8씩 3묶음 ➡ (   )

1-2 달걀은 모두 몇 개인가요?

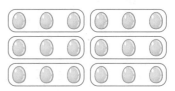

3씩 6묶음 ➡ (   )

2-1 ☐ 안에 알맞은 수를 써넣으세요.

5씩 3묶음

➡ 5의 ☐배

➡ 5+☐+☐=☐

2-2 ☐ 안에 알맞은 수를 써넣으세요.

6씩 4묶음

➡ 6의 ☐배

➡ 6+☐+☐+☐=☐

3-1 사탕이 14개 있습니다. 사탕의 수는 2의 몇 배인가요?

(   )

3-2 바나나가 12개 있습니다. 바나나의 수는 4의 몇 배인가요?

(   )

4-1 ☐ 안에 알맞은 수를 써넣으세요.

4의 4배는 ☐입니다.

4-2 ☐ 안에 알맞은 수를 써넣으세요.

6의 2배는 ☐입니다.

▶ 정답 및 풀이 26쪽

연산 → 문장제 연습　■의 ▲배는 ■를 ▲번 더해 구하자.

연산 그림을 보고 ☐ 안에 알맞은 수를 써넣으세요.

2의 5배

→ 2＋2＋☐＋☐＋☐

　＝☐

이 식은 어떤 상황에서 이용될까요?

5-1 배가 2개 있습니다. 귤의 수는 배의 수의 5배입니다. 귤은 모두 몇 개인지 덧셈식으로 나타내고 답을 구하세요.

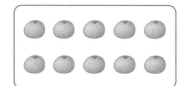

식　2＋2＋☐＋☐＋☐＝☐

답

5-2 축구공이 5개 있습니다. 농구공의 수는 축구공의 수의 6배입니다. 농구공은 모두 몇 개인지 덧셈식으로 나타내고 답을 구하세요.

식

답

5-3 당근이 7개 있습니다. 감자의 수는 당근의 수의 4배입니다. 감자는 모두 몇 개인지 덧셈식으로 나타내고 답을 구하세요.

식

답

교과서 기초 개념

• 빵의 수를 곱셈식으로 알아보기

빵의 수는 2씩 4묶음입니다.

빵의 수는 2의 ❶ 배입니다.

> 2의 4배를 **2×4**라고 씁니다.
> **2×4**는 **2** 곱하기 **4**라고 읽습니다.

참고 곱셈 기호 쓰기

 또는

• 쿠키의 수를 곱셈식으로 알아보기

→ 덧셈식 5+5+5= ❷

곱셈식 5×3=15

> • 5+5+5는 5×3과 같습니다.
> • 5×3=15
> • **5×3=15**는 5 곱하기 3은 15와 같습니다라고 읽습니다.
> • 5와 3의 곱은 15입니다.

정답 ❶ 4   ❷ 15

[1-1 ~ 1-2] 그림을 보고 ☐ 안에 알맞은 수를 써넣으세요.

1-1

3의 4배 ➡ 3 × ☐

1-2

5의 5배 ➡ ☐ × ☐

2-1 고구마의 수를 덧셈식과 곱셈식으로 나타내세요.

덧셈식 2 + 2 + ☐ + ☐ = ☐

곱셈식 2 × ☐ = ☐

2-2 별의 수를 덧셈식과 곱셈식으로 나타내세요.

덧셈식 4 + ☐ + ☐ = ☐

곱셈식 4 × ☐ = ☐

4주
5일

3-1 다음을 곱셈식으로 나타내세요.

> 3 곱하기 8은 24와 같습니다.

➡ 3 × ☐ = ☐

3-2 다음을 곱셈식으로 나타내세요.

> 6 곱하기 7은 42와 같습니다.

➡ ☐ × ☐ = ☐

[4-1 ~ 4-2] 그림을 보고 ☐ 안에 알맞은 수를 써넣으세요.

4-1

4 × 2 = ☐

4-2

4 × 4 = ☐

 교과서 기초 개념

• 도넛의 수를 덧셈식과 곱셈식으로 나타내기

(1) 몇의 몇 배인지 구하기

6개씩 3상자 ➡ 6씩 3묶음

➡ **6의 3배**

(2) 덧셈식과 곱셈식으로 나타내기

덧셈식 **6+6+6=18**

곱셈식 **6×3=**☐**❶**

• 사탕의 수를 여러 가지 곱셈식으로 나타내기

(1) 곱셈식으로 나타내기

4씩 2묶음 ➡ 4의 2배

➡ **4×2=8**

(2) 다른 곱셈식으로 나타내기

2씩 4묶음 ➡ 2의 ☐**❷** 배

➡ **2×4=**☐**❸**

1-1 그림을 보고 물음에 답하세요.

(1) 색연필의 수를 바르게 나타낸 것에 ○표 하세요.

| 7씩 3묶음 | 7의 4배 |

(   )   (   )

(2) 색연필의 수를 덧셈식과 곱셈식으로 나타내세요.

덧셈식 $7+7+\boxed{}=\boxed{}$

곱셈식 $7\times\boxed{}=\boxed{}$

1-2 그림을 보고 물음에 답하세요.

(1) 꽃의 수를 바르게 나타낸 것에 ○표 하세요.

| 4씩 4묶음 | 5의 4배 |

(   )   (   )

(2) 꽃의 수를 덧셈식과 곱셈식으로 나타내세요.

덧셈식 $5+5+\boxed{}+\boxed{}=\boxed{}$

곱셈식 $5\times\boxed{}=\boxed{}$

4주
5일

2-1 사탕의 수를 곱셈식으로 나타내세요.

5의 $\boxed{}$배 ➡ $5\times\boxed{}=\boxed{}$

2-2 참외의 수를 곱셈식으로 나타내세요.

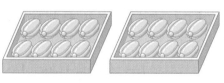

8의 $\boxed{}$배 ➡ $8\times\boxed{}=\boxed{}$

[**3**-1 ~ **3**-2] 모형의 수를 두 가지 곱셈식으로 나타내세요.

3-1

➡ $\begin{cases} 2\times\boxed{}=10 \\ 5\times\boxed{}=10 \end{cases}$

3-2

➡ $\begin{cases} 6\times\boxed{}=18 \\ 9\times\boxed{}=18 \end{cases}$

기초 집중 연습

기본 문제 연습

1-1 곱셈식으로 나타내세요.

> 5의 6배는 30입니다.

$5 \times \boxed{} = \boxed{}$

1-2 곱셈식으로 나타내세요.

> 7의 4배는 28입니다.

$7 \times \boxed{} = \boxed{}$

2-1 연필의 수를 곱셈식으로 나타내고 모두 몇 자루인지 구하세요.

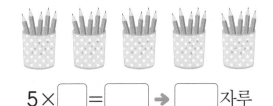

$5 \times \boxed{} = \boxed{} \rightarrow \boxed{}$ 자루

2-2 멜론의 수를 곱셈식으로 나타내고 모두 몇 개인지 구하세요.

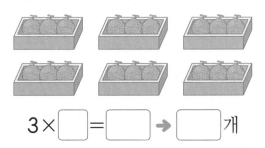

$3 \times \boxed{} = \boxed{} \rightarrow \boxed{}$ 개

[**3**-1 ~ **3**-2] 보기의 덧셈식을 곱셈식으로 바르게 나타낸 것을 찾아 기호를 써 보세요.

3-1 보기

> $4+4+4+4=16$

> ㉠ $4 \times 4 = 16$ ㉡ $8 \times 2 = 16$

(   )

3-2 보기

> $6+6+6+6+6+6=36$

> ㉠ $9 \times 4 = 36$ ㉡ $6 \times 6 = 36$

(   )

[**4**-1 ~ **4**-2] 모두 몇 개인지 여러 가지 곱셈식으로 나타내세요.

4-1
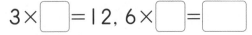

$3 \times \boxed{} = 12, \; 6 \times \boxed{} = \boxed{}$

4-2

$2 \times \boxed{} = 14, \; 7 \times \boxed{} = \boxed{}$

연산 → 문장제 연습　　'몇씩 몇 묶음'은 곱셈으로 구하자.

연산　□ 안에 알맞은 수를 써넣으세요.

8씩 4묶음

→ 8의 □배

→ 8 + □ + □ + □ = □

→ 8 × □ = □

이 곱셈식은
어떤 상황에서 이용될까요?

5-1 색종이가 한 묶음에 8장씩 4묶음 있습니다. 색종이는 모두 몇 장인지 곱셈식으로 나타내고 답을 구하세요.

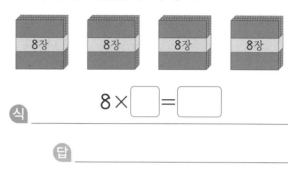

식　8 × □ = □

답

4주
5일

5-2 빵이 한 상자에 9개씩 5상자 있습니다. 빵은 모두 몇 개인지 곱셈식으로 나타내고 답을 구하세요.

식

답

5-3 정석이가 사과를 한 봉지에 5개씩 8봉지와 낱개 3개를 샀습니다. 정석이가 산 사과는 모두 몇 개인가요?

답

봉지에 있는 사과 수를
먼저 구한 다음
낱개로 산 사과 수를 더해.

누구나 100점 맞는 테스트

1 지우개는 모두 몇 개인지 2씩 뛰어서 세어 보세요.

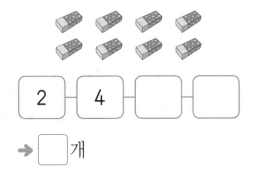

| 2 | 4 | | |

→ ☐ 개

2 몇씩 몇 묶음인지 ☐ 안에 알맞은 수를 써넣으세요.

☐ 씩 ☐ 묶음

3 분류 기준으로 알맞은 것에 ○표 하세요.

(모양 , 색깔)

4 ☐ 안에 알맞은 수를 써넣으세요.

9씩 3묶음

→ 9의 ☐ 배

→ 9+☐+☐=☐

5 정해진 기준에 따라 쓰레기를 분류하여 써 보세요.

분류 기준	종류

캔류	비닐류	종이류

[6~7] 그림을 보고 물음에 답하세요.

6 아이스크림을 종류에 따라 분류하고 그 수를 세어 보세요.

종류	막대	콘	컵
세면서 표시하기	〰〰〰	〰〰〰	〰〰〰
아이스크림 수(개)			

7 ☐ 안에 알맞은 내용을 써서 분류한 결과를 말해 보세요.

가장 많은 아이스크림은 ☐ 아이스크림입니다.

8 6의 4배를 바르게 나타낸 것을 모두 찾아 기호를 써 보세요.

ㄱ 6+6+6+6 ㄴ 4+4+4+4
ㄷ 6×4   ㄹ 6+4

( )

9 28은 7의 몇 배인가요?

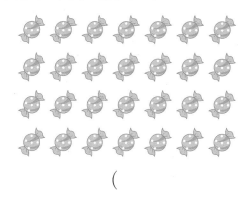

( )

10 우석이의 말을 읽고 필요한 성냥개비는 모두 몇 개인지 구하세요.

우석

아래와 같은 모양을 6개 만들어야지.

( )

창의·융합·코딩

[1~2] 지우는 스케치북에 동물 그림을 그렸습니다. 물음에 답하세요.

융합1 지우가 그린 동물을 분류하려고 합니다. 분류 기준으로 알맞은 것을 찾아 ○표 하세요.

동물의 다리 수	무서운 동물과 무섭지 않은 동물	귀여운 동물과 귀엽지 않은 동물
( )	( )	( )

융합2 다리가 2개인 동물을 모두 찾아 써 보세요.

답 _____

창의3 케이크 한 개에 꽃 장식을 3개씩 꽂았습니다. 케이크 5개에 꽂은 꽃 장식은 모두 몇 개인지 3씩 뛰어서 세어 보세요.

| 3 | | | | |

답 _____

4주

특강

 창의4 선아는 게시판을 꾸미기 위해 종이에 모양을 그려 보았습니다. ☐ 안에 알맞은 수를 써넣으세요.

(1) ♥ 모양은 3의 3배만큼인 ☐ 개입니다.

(2) ★ 모양은 4의 ☐ 배만큼인 ☐ 개입니다.

[5~6] 윤아와 민재는 각각 같은 값을 나타내는 카드 찾기 놀이를 하였습니다. 물음에 답하세요.

창의 5 윤아가 가지고 온 카드입니다. 잘못 가지고 온 카드에 ×표 하고 바르게 고쳐 보세요.

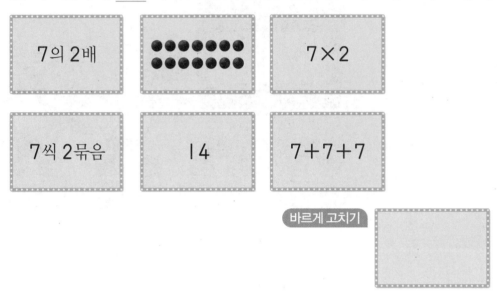

바르게 고치기

창의 6 민재가 가지고 온 카드입니다. 잘못 가지고 온 카드에 ×표 하고 바르게 고쳐 보세요.

바르게 고치기

[7~8] 연경이네 가족은 마트에 물건을 사러 갔습니다. 필요한 물건을 정리한 종이를 보고 물음에 답하세요.

창의 7 연경이네 가족이 필요한 물건을 종류에 따라 분류해 보세요.

학용품	공책,
식품	
전자 제품	

4주

특강

창의 8 마트의 층별 안내도를 보고 가지 않아도 되는 층은 몇 층인지 써 보세요.

3층	전자 제품, 학용품, 서점
2층	의류
1층	식품, 빵집

답 _____

융합 9 색 막대를 활용하여 □ 안에 알맞은 수를 써넣으세요.

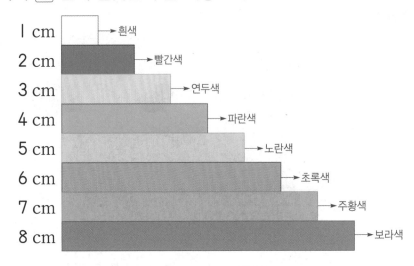

1 cm → 흰색
2 cm → 빨간색
3 cm → 연두색
4 cm → 파란색
5 cm → 노란색
6 cm → 초록색
7 cm → 주황색
8 cm → 보라색

(1) 파란색 막대의 길이는 빨간색 막대의 길이의 □ 배입니다.

(2) 초록색 막대의 길이는 연두색 막대의 길이의 □ 배입니다.

(3) 보라색 막대의 길이는 빨간색 막대의 길이의 □ 배입니다.

코딩 10 다람쥐가 출발하여 도토리가 있는 곳으로 가려고 합니다. 약속에 맞게 수를 계산하여 도토리에 도착했을 때 알맞은 수를 구하세요.

약속

→ : ×2   ← : ×3   ↓ : 7 작은 수

4
출발

도착

답 _____

창의 11 장난감 가게에 몬스터 인형이 진열되어 있습니다. 기준에 따라 인형을 분류하고, 아라가 고른 인형을 모두 찾아 번호를 써 보세요.

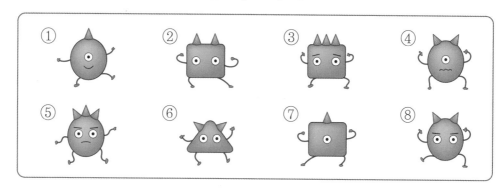

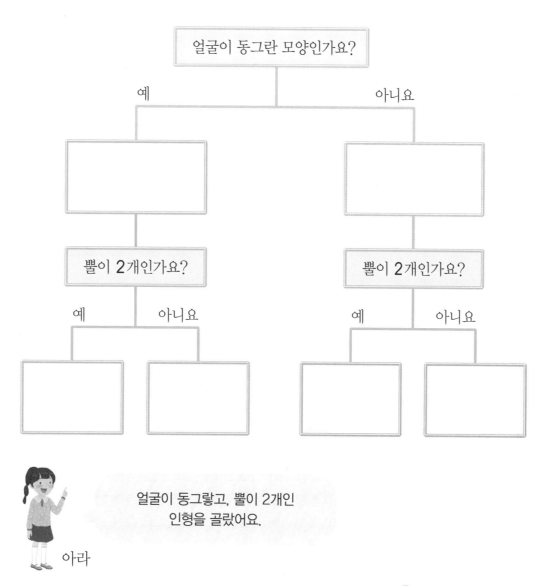

얼굴이 동그란 모양인가요?

예   아니요

뿔이 **2**개인가요?   뿔이 **2**개인가요?

예   아니요   예   아니요

얼굴이 동그랗고, 뿔이 2개인
인형을 골랐어요.

아라

답 _____

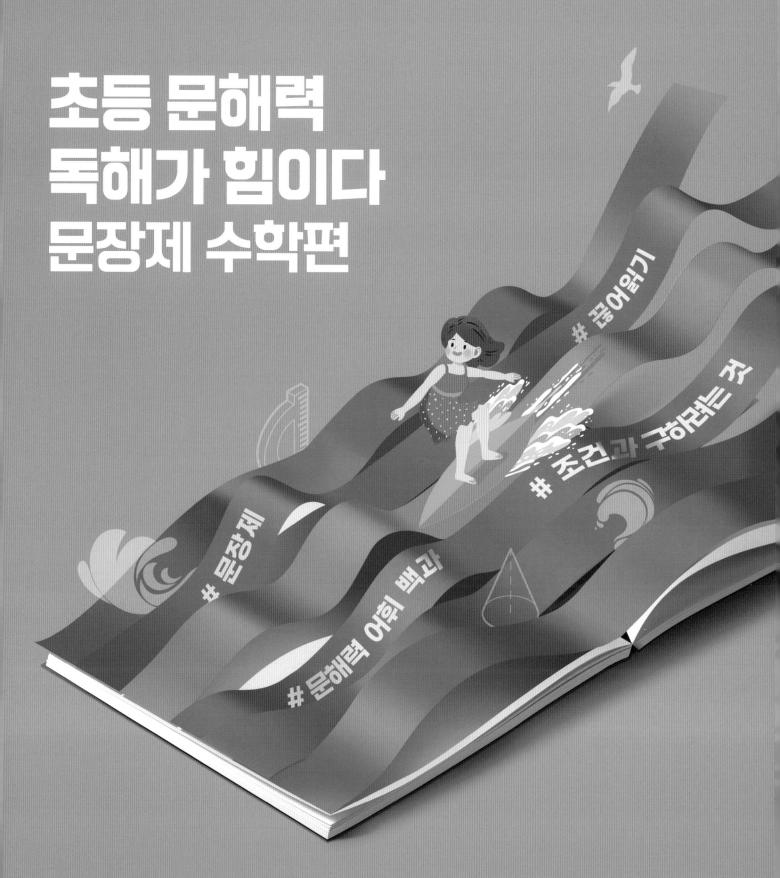

초등 문해력
독해가 힘이다
문장제 수학편

🔍 문해력을 키우면 정답이 보인다

초등 문해력 독해가 힘이다
문장제 수학편 (초등 1~6학년 / 단계별)

짧은 문장 연습부터 긴 문장 연습까지 문장을 읽고 이해하며 해결하는 연습을 하여
수학 문해력을 길러주는 문장제 연습 교재

뭘 좋아할지 몰라 다 준비했어♥
전과목 교재

전과목 시리즈 교재

● 무등생 해법시리즈
– 국어/수학	1~6학년, 학기용
– 사회/과학	3~6학년, 학기용
– 봄·여름/가을·겨울	1~2학년, 학기용
– SET(전과목/국수, 국사과)	1~6학년, 학기용

● 똑똑한 하루 시리즈
– 똑똑한 하루 독해	예비초~6학년, 총 14권
– 똑똑한 하루 글쓰기	예비초~6학년, 총 14권
– 똑똑한 하루 어휘	예비초~6학년, 총 14권
– 똑똑한 하루 한자	예비초~6학년, 총 14권
– 똑똑한 하루 수학	1~6학년, 총 12권
– 똑똑한 하루 계산	예비초~6학년, 총 14권
– 똑똑한 하루 도형	예비초~6학년, 총 8권
– 똑똑한 하루 사고력	1~6학년, 총 12권
– 똑똑한 하루 사회/과학	3~6학년, 학기용
– 똑똑한 하루 봄/여름/가을/겨울	1~2학년, 총 8권
– 똑똑한 하루 안전	1~2학년, 총 2권
– 똑똑한 하루 Voca	3~6학년, 학기용
– 똑똑한 하루 Reading	초3~초6, 학기용
– 똑똑한 하루 Grammar	초3~초6, 학기용
– 똑똑한 하루 Phonics	예비초~초등, 총 8권

● 독해가 힘이다 시리즈
– 초등 문해력 독해가 힘이다 비문학편	3~6학년
– 초등 수학도 독해가 힘이다	1~6학년, 학기용
– 초등 문해력 독해가 힘이다 문장제수학편	1~6학년, 총 12권

영어 교재

● 초등영어 교과서 시리즈
파닉스(1~4단계)	3~6학년, 학년용
영단어(1~4단계)	3~6학년, 학년용

● LOOK BOOK 영단어
3~6학년, 단행본

● 원서 읽는 LOOK BOOK 영단어
3~6학년, 단행본

국가수준 시험 대비 교재

● 해법 기초학력 진단평가 문제집
2~6학년·중1 신입생, 총 6권

정답 및 풀이

똑똑한
하루
수학

초등
수학 **2A**
2학년 수준

천재교육

정답 및 풀이 포인트 ③가지

▶ OX퀴즈로 쉬어가며 개념 확인

▶ 혼자서도 이해할 수 있는 문제 풀이

▶ 참고, 주의 등 자세한 풀이 제시

정답 및 풀이

1주 · 세 자리 수 ~ 여러 가지 도형

※ 개념 ◯✕ 퀴즈

옳으면 ◯에, 틀리면 ✕에 ◯표 하세요.

퀴즈 1

100이 5개, 10이 3개, 1이 7개이면 537입니다.

◯   ✕

퀴즈 2

삼각형은 변이 4개, 꼭짓점이 4개입니다.

◯   ✕

정답은 6쪽에서 확인하세요.

6~7쪽 · 이번 주에는 무엇을 공부할까? ②

1-1 6, 4, 64   **1-2** (1) 75 (2) 93

2-1 79   **2-2** 84

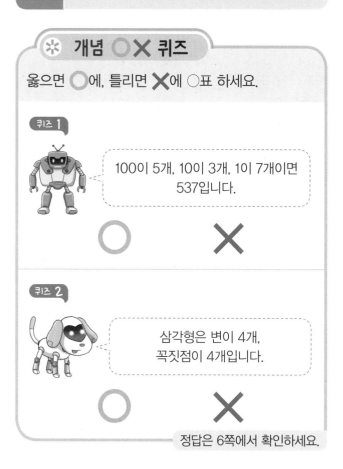

3-1   **3-2**

. 3군데   . 4군데

4-1 ◯에 ◯표   **4-2** △에 ◯표

2-1 예순셋: 63, 일흔아홉: 79
　　➡ 63 < 79

2-2 여든넷: 84, 칠십칠: 77
　　➡ 84 > 77

9쪽 　　　　개념 · 원리 확인

1-1 10   **1-2** 100

2-1 70, 100   **2-2** 90, 100

3-1 99, 100   **3-2** 98, 100

4-1 10   **4-2** 100

11쪽 　　　　개념 · 원리 확인

1-1 200   **1-2** 400

2-1 600   **2-2** 900

2-3 500   **2-4** 800

3-1 이백   **3-2** 칠백

4-1

| 100 | 100 | 100 |
| 100 | 100 | |

4-2

100	100	100
100	100	100
100	100	

4-1 500은 100이 5개인 수입니다.

4-2 800은 100이 8개인 수입니다.

12~13쪽 　　　　기초 집중 연습

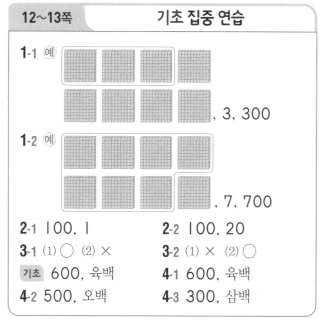

1-1 예　　　　　　　　　. 3, 300

1-2 예　　　　　　　　　. 7, 700

2-1 100, 1   **2-2** 100, 20

3-1 (1) ◯ (2) ✕   **3-2** (1) ✕ (2) ◯

기초 600, 육백   **4-1** 600, 육백

4-2 500, 오백   **4-3** 300, 삼백

정답 및 풀이

3-1 ⑵ 100이 3개이면 300입니다.

3-2 ⑴ 700은 100이 7개인 수입니다.

> [기초] 백 모형이 6개이므로 600이라 쓰고 육백이라고 읽습니다.

4-1 100이 6개이면 600이라 쓰고 육백이라고 읽습니다.

4-2 100이 5개이면 500이라 쓰고 오백이라고 읽습니다.

4-3 10이 30개이면 300이라 쓰고 삼백이라고 읽습니다.

15쪽	개념·원리 확인
1-1 355	**1-2** 232
2-1 598	**2-2** 186
3-1 사백육십이	**3-2** 칠백십
4-1 258	**4-2** 367

3-2 [주의]

세 자리 수를 읽을 때 숫자가 0인 자리는 읽지 않습니다.

예) 109 → 백영구(×)
　　　　 백구(○)

4-1 100이 2개이면 200, 10이 5개이면 50, 1이 8개이면 8이므로 258입니다.

4-2 100이 3개이면 300, 10이 6개이면 60, 1이 7개이면 7이므로 367입니다.

17쪽	개념·원리 확인
1-1 10, 7 / 10, 7	**1-2** 300, 3 / 300, 3
2-1 400, 90, 5	**2-2** 700, 80, 2
3-1 백, 700	**3-2** 일, 6
3-3 십, 0	**3-4** 백, 500

18~19쪽	기초 집중 연습
1-1 524, 오백이십사	
1-2 953, 구백오십삼	
2-1 9, 2, 7	**2-2** 8, 0, 4
3-1 1, 6	**3-2** 6, 2
4-1 264에 ○표	**4-2** 427에 ○표
[기초] 852	**5-1** 852원
5-2 572원	**5-3** 670원

2-1 구백이십칠 → 9 2 7

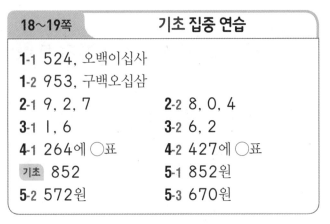

2-2 팔백사 → 8 0 4

4-1 · 2<u>6</u>4 → 60　　· 81<u>6</u> → 6

4-2 · 1<u>7</u>3 → 70　　· 42<u>7</u> → 7

> [기초] 100이 8개이면 800, 10이 5개이면 50, 1이 2개이면 2이므로 852입니다.

5-1 100원짜리 동전 8개 → 800원
　　10원짜리 동전 5개 → 　50원
　　 1원짜리 동전 2개 → 　　2원
　　　　　　　　　　　　　852원

5-2 100원짜리 동전 5개 → 500원
　　10원짜리 동전 7개 → 　70원
　　 1원짜리 동전 2개 → 　　2원
　　　　　　　　　　　　　572원

5-3 100원짜리 동전 　6개 → 600원
　　10원짜리 동전 　6개 → 　60원
　　 1원짜리 동전 10개 → 　10원
　　　　　　　　　　　　　670원

[참고]

1원짜리 동전 10개가 있으면 10원이므로 10원짜리 동전 1개가 더 있다고 생각할 수 있습니다.

2 ● 똑똑한 하루 수학

개념·원리 확인

1-1 250, 450　　　　**1-2** 500, 600

2-1 260, 270　　　　**2-2** 310, 330

3-1 955, 956　　　　**3-2** 507, 508

4-1

320　　360
330
340　　350

4-2

543
544　　546
545　　547

1-1 100씩 뛰어서 세면 백의 자리 숫자가 1씩 커집니다.

2-1 10씩 뛰어서 세면 십의 자리 숫자가 1씩 커집니다.

3-1 1씩 뛰어서 세면 일의 자리 숫자가 1씩 커집니다.

개념·원리 확인

1-1 <　　　　**1-2** >

2-1 >　　　　**2-2** <

3-1 >, >　　　　**3-2** >, >

3-3 <, <　　　　**3-4** >, >

1-1 백 모형의 수가 많을수록 더 큰 수입니다.

1-2 백 모형의 수는 같으므로 십 모형의 수가 많을수록 더 큰 수입니다.

3-1 백의 자리 숫자를 비교합니다.

3-2 백의 자리 숫자가 같으므로 십의 자리 숫자를 비교합니다.

3-3 백의 자리 숫자가 같으므로 십의 자리 숫자를 비교합니다.

3-4 백, 십의 자리 숫자가 같으므로 일의 자리 숫자를 비교합니다.

기초 집중 연습

1-1 백, 1　　　　**1-2** 십, 1

2-1 <　　　　**2-2** >

3-1 760, 770 / 10

3-2 998, 999, 1000 / 1

4-1 ×　　　　**4-2** ◯

기초 (　　)(◯)　　**5-1** 귤

5-2 주스　　　　**5-3** 민하

2-1 682 < 725
　　　└6<7┘

2-2 241 > 211
　　　└4>1┘

3-1 십의 자리 숫자가 1씩 커졌으므로 10씩 뛰어서 센 것입니다.

3-2 일의 자리 숫자가 1씩 커졌으므로 1씩 뛰어서 센 것입니다.

4-1 915와 935는 백의 자리 숫자가 같으므로 십의 자리 숫자를 비교하면 915는 935보다 작습니다.

4-2 682와 680은 백의 자리 숫자와 십의 자리 숫자가 같으므로 일의 자리 숫자를 비교하면 682는 680보다 큽니다.

기초 백의 자리 숫자가 다르므로 백의 자리 숫자를 비교합니다.
703 > 639
└7>6┘

5-2 백의 자리 숫자와 십의 자리 숫자가 같으므로 일의 자리 숫자를 비교합니다.
123 < 128
　└3<8┘

5-3 • 팔백육십칠 ➡ 867
　　• 872 > 867이므로 번호표의 수가 더 작은
　　　└7>6┘
　　　민하가 먼저 택배를 보낼 수 있습니다.

정답 및 풀이

27쪽 **개념 · 원리 확인**

1-1 원   **1**-2 원

2-1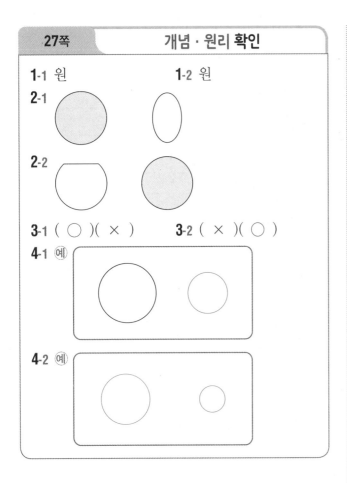

2-2

3-1 (○)(×)   **3**-2 (×)(○)

4-1 ⑩

4-2 ⑩

29쪽 **개념 · 원리 확인**

1-1 (×)(○)   **1**-2 (×)(○)

2-1 변   **2**-2 변, 꼭짓점

3-1 , 삼각형

3-2 , 삼각형

4-1 ⑩

4-2 ⑩

1-1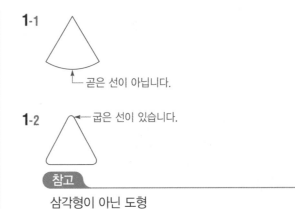

└ 곧은 선이 아닙니다.

1-2 ← 굽은 선이 있습니다.

참고

삼각형이 아닌 도형

30~31쪽 **기초 집중 연습**

1-1 3, 3   **1**-2 3, 3
2-1 ㉡   **2**-2 ㉡
3-1 2개   **3**-2 3개
4-1 8   **4**-2 9
기초 2개   **5**-1 2개
5-2 4개   **5**-3 4개

2-1 원은 곧은 선이 없고, 뾰족한 부분도 없습니다.

2-2 삼각형은 곧은 선인 변이 3개, 꼭짓점이 3개 있습니다.

4-1 원 안에 있는 수: 5, 3
➡ 5+3=8

4-2 삼각형 안에 있는 수: 7, 2
➡ 7+2=9

기초 변이 3개, 꼭짓점이 3개인 도형은 모두 2개입니다.

5-1 변이 3개, 꼭짓점이 3개인 모양의 물건은 옷걸이, 삼각자로 모두 2개입니다.

5-3 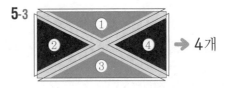 ➡ 4개

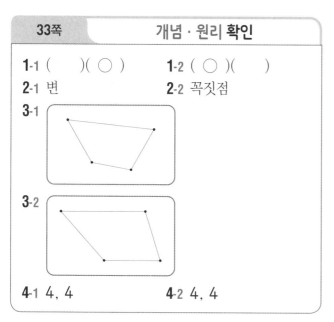

33쪽 　　　　　　 **개념·원리 확인**

1-1 (　)(○) 　　　 **1**-2 (○)(　)

2-1 변 　　　　　　 **2**-2 꼭짓점

3-1

3-2

4-1 4, 4 　　　　　 **4**-2 4, 4

2-1 곧은 선을 변이라고 합니다.

35쪽 　　　　　　 **개념·원리 확인**

1-1 5개 　　　　　 **1**-2 2개

2-1 (○)(　) 　　 **2**-2 (　)(○)

3-1 예

3-2 예

36~37쪽 　　　　 **기초 집중 연습**

1-1 4, 4 　　　　　 **1**-2 4, 4

2-1 ㉡ 　　　　　　 **2**-2 사각형

3-1 (1) 예 　　　　　 **3**-2 (1) 예

　　 (2) 예 　　　　　　　 (2) 예

기초 2개 　　　　　 **4**-1 2개

4-2 3개 　　　　　 **4**-3 5개

2-1 사각형은 곧은 선인 변이 4개, 꼭짓점이 4개 있습니다.

2-2 삼각형은 변이 3개이므로 변이 4개, 꼭짓점이 4개인 도형은 사각형입니다.

기초 변이 4개, 꼭짓점이 4개인 도형은 모두 2개입니다.

4-3

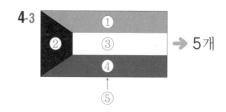 ➡ 5개

38~39쪽 　　　 **누구나 100점 맞는 테스트**

1

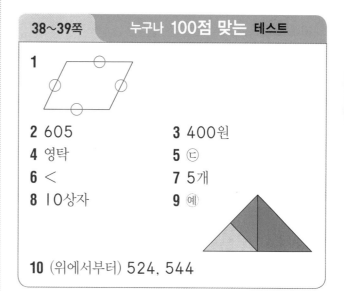

2 605 　　　　　　 **3** 400원

4 영탁 　　　　　　 **5** ㉢

6 < 　　　　　　　 **7** 5개

8 10상자 　　　　　 **9** 예

10 (위에서부터) 524, 544

1 사각형의 변은 4개입니다.

2 읽지 않은 자리의 수는 0을 씁니다.

　　육백　┊　　┊ 오
　　 6　┊ 0 ┊ 5

3 100이 4개인 수는 400입니다.
　➡ 400원

4 삼각형은 곧은 선 3개로 둘러싸인 도형입니다.

5 숫자 6이 나타내는 값
　　㉠ 316 ➡ 6
　　㉡ 265 ➡ 60
　　㉢ 674 ➡ 600

6 백의 자리 숫자가 같으므로 십의 자리 숫자를 비교합니다.

$549 < 571$

└4<7┘

7 어느 쪽에서 보아도 똑같이 동그란 모양의 원은 모두 5개입니다.

8 100은 10이 10개인 수입니다.
빵이 한 상자에 10개씩 담겨 있으므로 빵 100개는 10개씩 10상자에 담겨 있습니다.

10 504−514이므로 10씩 뛰어서 센 것입니다.

> **참고**
>
> 10씩 뛰어서 세면 십의 자리 숫자가 1씩 커지고 백의 자리 숫자와 일의 자리 숫자는 변하지 않습니다.

40~45쪽 **특강** **창의·융합·코딩**

창의**1** ⤬

창의**2** 사각형, 삼각형, 원

창의**3** 100, 1   창의**4** 303호

융합**5** 527   융합**6** 300, 90

융합**7** ( )( )(○)

융합**8**
(1) 예

(2) 예

코딩**9** 121원   코딩**10** 112원

창의**1** 하늘이가 가장 먼저 뽑았으므로 수가 가장 작은 123번을 뽑았습니다.
지수는 하늘이보다 늦게 뽑았으므로 124번 또는 125번입니다.

민지는 하늘이 다음 순서가 아니라고 했으므로 민지는 124번이 아닌 125번이 됩니다.
따라서 지수는 124번입니다.

창의**2** 백설공주의 거울은 삼각형 모양입니다.
왕비의 거울은 삼각형 모양과 원 모양이 아니므로 사각형 모양입니다. 따라서 난쟁이의 거울은 원 모양입니다.

창의**4** 103호에서 위로 한 층씩 올라갈 때마다 100씩 뛰어서 세면 103호 − 203호 − 303호입니다.
따라서 영탁이는 303호에 살고 있습니다.

> **다른 풀이**
>
> 301호에서 오른쪽으로 한 집씩 갈 때마다 1씩 뛰어서 세면 301호−302호−303호입니다.
> 따라서 영탁이는 303호에 살고 있습니다.

융합**5** 백의 자리 숫자는 4보다 크고 6보다 작으므로 5입니다.
십의 자리 숫자는 20을 나타내므로 2입니다.
일의 자리 숫자는 7을 나타내므로 7입니다.

융합**6** 394에서 3은 백의 자리 숫자이고 300을 나타냅니다.
9는 십의 자리 숫자이고 90을 나타냅니다.
4는 일의 자리 숫자이고 4를 나타냅니다.

코딩**9** 블록 명령어에 따라 로봇이 지나가면서 모은 동전은 100원짜리 동전 1개, 10원짜리 동전 2개, 1원짜리 동전 1개입니다.
➡ 121원

코딩**10** 블록 명령어에 따라 로봇이 지나가면서 모은 동전은 100원짜리 동전 1개, 10원짜리 동전 1개, 1원짜리 동전 2개입니다.
➡ 112원

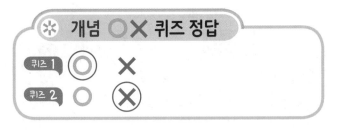

✳ 개념 ○✕ 퀴즈 정답

퀴즈**1** ○ ✕

퀴즈**2** ○ ✕

2주 · 여러 가지 도형~덧셈과 뺄셈

✻ 개념 ○✕ 퀴즈

옳으면 ○에, 틀리면 ✕에 ○표 하세요.

퀴즈 1

오각형은 변이 5개,
꼭짓점이 5개입니다.

○   ✕

퀴즈 2

$23+28=51$

○   ✕

정답은 14쪽에서 확인하세요.

48~49쪽	이번 주에는 무엇을 공부할까? ②

1-1 ( )( )(○)
1-2 (○)( )( )
2-1 ㉠   2-2 2개
3-1 79   3-2 37
4-1 ㉡   4-2

1-1 교통 표지판: △ 모양
　　단추: ● 모양
　　액자: ■ 모양

1-2 삼각자: △ 모양
　　편지 봉투: ■ 모양
　　500원짜리 동전: ● 모양

2-1 ㉠: ● 모양, ㉡: △ 모양, ㉢: ■ 모양

2-2 공책, 수첩: ■ 모양
　　시계: ● 모양
　　트라이앵글: △ 모양

3-1
```
    3 6
  + 4 3
  ─────
    7 9
```

3-2
```
    1 6
  + 2 1
  ─────
    3 7
```

4-1 ㉠
```
    9 0
  - 8 0
  ─────
    1 0
```

4-2
```
    5 0        5 8
  - 1 0      - 2 3
  ─────      ─────
    4 0 .      3 5
```

51쪽	개념 · 원리 확인

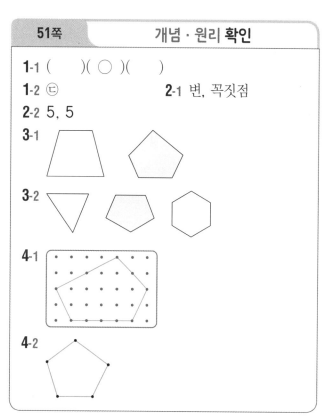

1-1 ( )(○)( )
1-2 ㉢   2-1 변, 꼭짓점
2-2 5, 5
3-1
3-2
4-1
4-2

1-1 변과 꼭짓점이 5개인 도형을 찾습니다.

2-2 오각형은 변이 5개, 꼭짓점이 5개입니다.

4-1 빨간 점 5개를 곧은 선으로 이어 오각형을 그립니다.

주의

점끼리 곧은 선으로 이어 오각형을 그릴 때 곧은 선이 서로 엇갈리지 않도록 그립니다.

4-2 변과 꼭짓점이 각각 5개가 되도록 오각형을 그립니다.

53쪽 　　개념 · 원리 확인

1-1 (　　)(　○　)(　　)

1-2 ㄹ　　　　　　**2**-1 변, 꼭짓점

2-2 6, 6

3-1

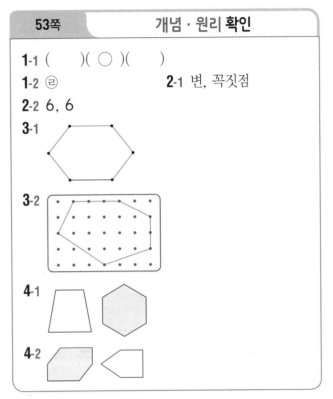

3-2

4-1

4-2

2-2 육각형은 변이 6개, 꼭짓점이 6개입니다.

3-1 점 6개를 곧은 선으로 이어 육각형을 완성합니다.

4-1~**4**-2 변이 6개인 도형을 찾아 색칠합니다.

54~55쪽 　　개념 · 원리 확인

1-1 나　　　　　　　**1**-2 다

2-1 2개　　　　　　**2**-2 3개

3-1 다　　　　　　　**3**-2 나

기본 4, 6　　　　　**4**-1 2개

4-2 |개　　　　　　**4**-3 2개

4-4 3개

1-1 변이 5개인 도형을 찾습니다.

1-2 변이 6개인 도형을 찾습니다.

3-1 다는 사각형입니다.

3-2 나는 오각형입니다.

4-1 육각형은 변이 6개, 사각형은 변이 4개이므로 육각형은 사각형보다 변이 6−4=2(개) 더 많습니다.

4-2 오각형은 변이 5개, 사각형은 변이 4개이므로 오각형은 사각형보다 변이 5−4=|(개) 더 많습니다.

4-3 준희가 설명하는 도형은 곧은 선으로 둘러싸여 있고 꼭짓점이 5개이므로 오각형입니다.
삼각형은 변이 3개, 오각형은 변이 5개이므로 삼각형은 오각형보다 변이 5−3=2(개) 더 적습니다.

4-4 가: 5개, 나: 3개, 다: 6개
➔ 6>5>3이므로 꼭짓점의 수가 가장 많은 것은 가장 적은 것보다 6−3=3(개) 더 많습니다.

57쪽 　　개념 · 원리 확인

1-1 (　○　)(　　)　　**1**-2 (　　)(　○　)

2-1 3개　　　　　　**2**-2 5개

3-1 ②　　　　　　　**3**-2 ④

1-1~**1**-2 참고
똑같은 모양으로 쌓을 때에는 쌓기나무의 전체적인 모양, 쌓기나무의 수, 쌓기나무를 놓은 위치나 방향 등을 생각합니다.

2-1 쌓기나무 2개를 옆으로 나란히 놓고 왼쪽 쌓기나무의 뒤에 쌓기나무를 |개 더 놓습니다.

2-2 쌓기나무 3개를 옆으로 나란히 놓고 양쪽 쌓기나무의 위에 쌓기나무를 각각 |개씩 더 놓습니다.

3-1 빨간색 쌓기나무의 위에 쌓기나무 |개를 더 놓아야 합니다.

3-2 초록색 쌓기나무의 위에 있는 쌓기나무 |개를 빼내야 합니다.

59쪽 　　개념 · 원리 확인

1-1 (　　)(　○　)　　**1**-2 (　○　)(　　)

2-1 (　○　)(　　)　　**2**-2 (　　)(　○　)

3-1 앞에 ○표　　　　**3**-2 위에 ○표

1-1 왼쪽 모양은 쌓기나무 5개로 만든 것입니다.

1-2 오른쪽 모양은 쌓기나무 4개로 만든 것입니다.

2-1 쌓은 모양을 보면 복조리가 떠오릅니다.

2-2 쌓은 모양을 보면 중절모가 떠오릅니다.

60~61쪽 기초 집중 연습

1-1 (×)( )   **1-2** (○)( )

2-1 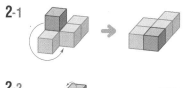   **2-2** ⑤

3-1  앞 오른쪽   **3-2** 앞 오른쪽

기초 4, 7   **4-1** 3개

4-2 2개   **4-3** 태형

1-1 왼쪽 모양은 쌓기나무 3개로 만든 모양입니다.

1-2 오른쪽 모양은 쌓기나무 5개로 만든 모양입니다.

2-1

2-2

4-1 왼쪽 모양: 4개, 오른쪽 모양: 7개
➡ $7-4=3$(개)

4-2 오른쪽 모양과 똑같은 모양으로 쌓으려면 쌓기나무가 5개 필요합니다.
쌓기나무를 3개 가지고 있으므로 쌓기나무는
$5-3=2$(개) 더 필요합니다.

4-3 보기 의 모양의 쌓기나무의 수: 7개
석진이가 쌓은 모양의 쌓기나무의 수: 5개
태형이가 쌓은 모양의 쌓기나무의 수: 4개
➡ $7-5=2$(개), $7-4=3$(개)이므로 쌓기나무가 더 많이 필요한 사람은 태형입니다.

63쪽 개념 · 원리 확인

1-1 21   **1-2** 43
2-1 (1) 1, 3, 1 (2) 1, 5, 4
2-2 (1) 1, 44 (2) 1, 55
3-1 (1) 73 (2) 90   **3-2** (1) 62 (2) 81
4-1 72   **4-2** 51

1-1 십 모형 2개, 일 모형 1개가 되므로 $13+8=21$ 입니다.

1-2 십 모형 4개, 일 모형 3개가 되므로 $37+6=43$ 입니다.

3-1 (1)
```
    1
   6 6
 +   7
-----
   7 3
```
(2)
```
    1
   8 4
 +   6
-----
   9 0
```

3-2 (1)
```
    1
   5 9
 +   3
-----
   6 2
```
(2)
```
    1
   7 6
 +   5
-----
   8 1
```

4-1
```
    1
   6 4
 +   8
-----
   7 2
```

4-2
```
    1
   4 2
 +   9
-----
   5 1
```

65쪽 개념 · 원리 확인

1-1 55   **1-2** 68
2-1 (1) 1, 63 (2) 1, 73
2-2 (1) 1, 73 (2) 1, 80
3-1 (1) 61 (2) 77   **3-2** (1) 70 (2) 81
4-1 62   **4-2** 47

1-1 일 모형 15개 중 10개를 십 모형 1개로 바꾸면
십 모형 5개, 일 모형 5개가 되므로
$37+18=55$입니다.

1-2 1원짜리 동전 18개 중 10개를 10원짜리 동전 1개로 바꾸면 10원짜리 동전 6개, 1원짜리 동전 8개가 되므로 39+29=68입니다.

3-1 (1)
```
  1
  3 5
+ 2 6
─────
  6 1
```
(2)
```
  1
  2 8
+ 4 9
─────
  7 7
```

3-2 (1)
```
  1
  2 5
+ 4 5
─────
  7 0
```
(2)
```
  1
  3 8
+ 4 3
─────
  8 1
```

4-1
```
  1
  3 7
+ 2 5
─────
  6 2
```

4-2
```
  1
  1 8
+ 2 9
─────
  4 7
```

2-1
```
  1
  6 5
+   7
─────
  7 2
```

2-2
```
  1
  5 8
+ 1 6
─────
  7 4
```

3-1
```
  1
  7 3
+ 1 9
─────
  9 2
```

3-2
```
  1
  2 5
+   8
─────
  3 3
```

4-1
```
  1
  8 7
+   5
─────
  9 2
```
➡ 92<95

4-2
```
  1            1
  5 4          3 7
+   8        + 1 9
─────        ─────
  6 2 ,        5 6
```
➡ 62>56

연산
```
  1
  4 7
+ 1 6
─────
  6 3
```

5-1 (사탕의 수)+(젤리의 수)
=47+16=63(개)

5-2 (전체 소의 수)=(젖소의 수)+(황소의 수)
=67+7
=74(마리)

5-3 아라가 딴 딸기의 수: 16개
➡ (두 사람이 딴 딸기의 수)
=(윤수가 딴 딸기의 수)
+(아라가 딴 딸기의 수)
=15+16
=31(개)

66~67쪽	기초 집중 연습

1-1 (1) 83 (2) 83   **1-2** (1) 74 (2) 52
2-1 72   **2-2** 74
3-1 92   **3-2** 33
4-1 <   **4-2** (○)(　)
연산 63
5-1 47+16=63, 63개
5-2 67+7=74, 74마리
5-3 15+16=31, 31개

1-1 (1)
```
  1
  7 4
+   9
─────
  8 3
```
(2)
```
  1
  2 7
+ 5 6
─────
  8 3
```

1-2 (1)
```
  1
  6 9
+   5
─────
  7 4
```
(2)
```
  1
  3 4
+ 1 8
─────
  5 2
```

69쪽	개념·원리 확인

1-1 107 **1-2** 113
2-1 1, 1, 2, 5 **2-2** (1) 176 (2) 115
3-1 188 **3-2** 137
4-1 110 **4-2** 123

2-2 (1)
```
    1
    9 2
  + 8 4
  1 7 6
```
(2)
```
    1
    5 3
  + 6 2
  1 1 5
```

3-1
```
    1
    9 6
  + 9 2
  1 8 8
```

3-2
```
    1
    8 4
  + 5 3
  1 3 7
```

4-1
```
  1 1
    8 6
  + 2 4
  1 1 0
```

4-2
```
  1 1
    7 8
  + 4 5
  1 2 3
```

71쪽	개념·원리 확인

1-1 26 **1-2** 17
2-1 7, 3 / 7, 7, 3
2-2 (1) (위에서부터) 5, 10, 5, 8
  (2) (위에서부터) 1, 10, 1, 8
3-1 (1) 64 (2) 39 **3-2** (1) 73 (2) 47
4-1 46 **4-2** 28

1-1 십 모형 2개, 일 모형 6개가 남으므로
  33−7=26입니다.

1-2 십 모형 1개, 일 모형 7개가 남으므로
  26−9=17입니다.

3-1 (1)
```
  6 10
  7 1
  −  7
  6 4
```
(2)
```
  3 10
  4 2
  −  3
  3 9
```

3-2 (1)
```
  7 10
  8 0
  −  7
  7 3
```
(2)
```
  4 10
  5 3
  −  6
  4 7
```

4-1
```
  4 10
  5 1
  −  5
  4 6
```

4-2
```
  2 10
  3 6
  −  8
  2 8
```

72~73쪽	기초 집중 연습

1-1 (1) 118 (2) 45 **1-2** (1) 134 (2) 55
2-1 **2-2**
3-1 66 **3-2** 119
4-1
```
  4 10
  5 2
  −  5
  4 7
```
4-2
```
  7 10
  8 4
  −  6
  7 8
```

연산 14

5-1 21−7=14, 14개
5-2 63−6=57, 57쪽
5-3 95−68=27, 27회

2-1
```
    1
    8 2
  + 4 3
  1 2 5
```
,
```
  1 1
    5 6
  + 7 4
  1 3 0
```

2-2
```
  5 10
  6 1
  −  4
  5 7
```
,
```
  4 10
  5 4
  −  8
  4 6
```

3-1

$$\begin{array}{r} {}^{6}\!\!\!/\!7 \ {}^{10}0 \\ -\ \ \ 4 \\ \hline 6\ 6 \end{array}$$

3-2

$$\begin{array}{r} 1 \\ 9\ 7 \\ +\ 2\ 2 \\ \hline 1\ 1\ 9 \end{array}$$

4-1~4-2 십의 자리에는 일의 자리로 받아내림하고 남은 수를 써야 합니다.

5-1 (남은 사탕의 수)
　　=(전체 사탕의 수)−(먹은 사탕의 수)
　　=21−7=14(개)

5-2 (오늘 읽은 동화책 쪽수)
　　=(어제 읽은 동화책 쪽수)
　　　−(어제보다 더 적게 읽은 동화책 쪽수)
　　=63−6=57(쪽)

5-3 95>72>68
　➡ (가장 많이 한 사람의 줄넘기 횟수)
　　　−(가장 적게 한 사람의 줄넘기 횟수)
　　=95−68=27(회)

75쪽	개념·원리 확인

1-1 24　　　　**1-2** 22
2-1 5, 3, 6
2-2 (1) (위에서부터) 6, 10, 39
　　(2) (위에서부터) 2, 10, 18
3-1 (1) 27　(2) 15　　**3-2** (1) 23　(2) 31
4-1 22　　　　**4-2** 35

3-1 (1)

$$\begin{array}{r} {}^{3}\!\!\!/\!4 \ {}^{10}0 \\ -\ 1\ 3 \\ \hline 2\ 7 \end{array}$$

(2)

$$\begin{array}{r} {}^{8}\!\!\!/\!9 \ {}^{10}0 \\ -\ 7\ 5 \\ \hline 1\ 5 \end{array}$$

3-2 (1)

$$\begin{array}{r} {}^{7}\!\!\!/\!8 \ {}^{10}0 \\ -\ 5\ 7 \\ \hline 2\ 3 \end{array}$$

(2)

$$\begin{array}{r} {}^{5}\!\!\!/\!6 \ {}^{10}0 \\ -\ 2\ 9 \\ \hline 3\ 1 \end{array}$$

4-1

$$\begin{array}{r} {}^{6}\!\!\!/\!7 \ {}^{10}0 \\ -\ 4\ 8 \\ \hline 2\ 2 \end{array}$$

4-2

$$\begin{array}{r} {}^{4}\!\!\!/\!5 \ {}^{10}0 \\ -\ 1\ 5 \\ \hline 3\ 5 \end{array}$$

77쪽	개념·원리 확인

1-1 19　　　　　　**1-2** 25
2-1 (1) (위에서부터) 5, 10, 1, 7
　　(2) (위에서부터) 7, 10, 4, 4
2-2 (1) 28　(2) 28
3-1

$$\begin{array}{r} 9\ 4 \\ -\ 6\ 6 \\ \hline 2\ 8 \end{array}$$

3-2

$$\begin{array}{r} 4\ 1 \\ -\ 2\ 9 \\ \hline 1\ 2 \end{array}$$

4-1 39　　　　　**4-2** 57

2-2 (1)

$$\begin{array}{r} {}^{4}\!\!\!/\!5 \ {}^{10}3 \\ -\ 2\ 5 \\ \hline 2\ 8 \end{array}$$

(2)

$$\begin{array}{r} {}^{3}\!\!\!/\!4 \ {}^{10}7 \\ -\ 1\ 9 \\ \hline 2\ 8 \end{array}$$

3-1

$$\begin{array}{r} {}^{8}\!\!\!/\!9 \ {}^{10}4 \\ -\ 6\ 6 \\ \hline 2\ 8 \end{array}$$

3-2

$$\begin{array}{r} {}^{3}\!\!\!/\!4 \ {}^{10}1 \\ -\ 2\ 9 \\ \hline 1\ 2 \end{array}$$

4-1

$$\begin{array}{r} {}^{7}\!\!\!/\!8 \ {}^{10}4 \\ -\ 4\ 5 \\ \hline 3\ 9 \end{array}$$

4-2

$$\begin{array}{r} {}^{6}\!\!\!/\!7 \ {}^{10}3 \\ -\ 1\ 6 \\ \hline 5\ 7 \end{array}$$

78~79쪽	기초 집중 연습

1-1 (1) 34　(2) 29　　**1-2** (1) 27　(2) 28
2-1 14　　　　　　　**2-2** 24
3-1 41　　　　　　　**3-2** 48
4-1 (○)(　)　　　**4-2** <
연산 17
5-1 30−13=17, 17대
5-2 85−69=16, 16명
5-3 90−64=26, 26 cm

2-1

$$\begin{array}{r} {}^{6}\;{}^{10} \\ \not{7}\;0 \\ -\;5\;6 \\ \hline 1\;4 \end{array}$$

2-2

$$\begin{array}{r} {}^{7}\;{}^{10} \\ \not{8}\;1 \\ -\;5\;7 \\ \hline 2\;4 \end{array}$$

3-1 60>43>19
➡ (가장 큰 수)−(가장 작은 수)
 =60−19
 =41

3-2 76>39>28
➡ (가장 큰 수)−(가장 작은 수)
 =76−28
 =48

4-1

$$\begin{array}{r} {}^{8}\;{}^{10} \\ \not{9}\;0 \\ -\;4\;7 \\ \hline 4\;3 \end{array}\qquad \begin{array}{r} {}^{7}\;{}^{10} \\ \not{8}\;1 \\ -\;3\;3 \\ \hline 4\;8 \end{array}$$

➡ 43<48

4-2

$$\begin{array}{r} {}^{6}\;{}^{10} \\ \not{7}\;2 \\ -\;5\;6 \\ \hline 1\;6 \end{array}\qquad \begin{array}{r} {}^{3}\;{}^{10} \\ \not{4}\;0 \\ -\;1\;8 \\ \hline 2\;2 \end{array}$$

➡ 16<22

5-1 (남아 있는 자동차 수)
 =(주차장에 있던 자동차 수)
  −(빠져 나간 자동차 수)
 =30−13=17(대)

5-2 (운동장에 있던 사람 수)−(교실로 들어간 사람 수)
 =85−69
 =16(명)

5-3 (남은 색 테이프의 길이)
 =(전체 색 테이프의 길이)
  −(사용한 색 테이프의 길이)
 =90−64
 =26 (cm)

---

1 73　　　　**2** 25
3 예 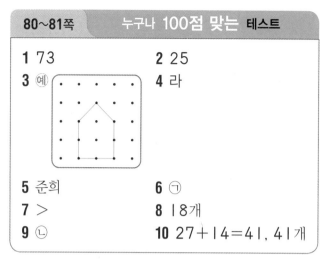　**4** 라
5 준희　　　**6** ㉠
7 >　　　　**8** 18개
9 ㉡　　　　**10** 27+14=41, 41개

1 일 모형 13개 중 10개를 십 모형 1개로 바꾸면
 십 모형 7개, 일 모형 3개가 되므로
 46+27=73입니다.

2

$$\begin{array}{r} {}^{2}\;{}^{10} \\ \not{3}\;2 \\ -\;\;\;7 \\ \hline 2\;5 \end{array}$$

3 변과 꼭짓점이 5개인 도형을 그립니다.

4 곧은 선이 6개인 도형을 찾습니다.

5 영탁이가 만든 모양은 쌓기나무 3개로 만든 모양
 입니다.

6 가장 위에 있는 쌓기나무를 빼내야 합니다.

7 74−36=38
 ➡ 38>30

8 (남은 초콜릿의 수)
 =(전체 초콜릿의 수)−(먹은 초콜릿의 수)
 =25−7=18(개)

9 ㉠ 육각형은 꼭짓점이 6개입니다.
 ㉡ 변의 수가 육각형은 6개, 오각형은 5개이므로
  육각형은 오각형보다 변의 수가 더 많습니다.

10 (야구공의 수)+(축구공의 수)
 =27+14=41(개)

정답 및 풀이

창의1 석진, 지민, 정국
창의2 사각형, 삼각형, 오각형
코딩3 오각형, 삼각형 / 아니요
융합4 34개   **창의5** 가방
창의6

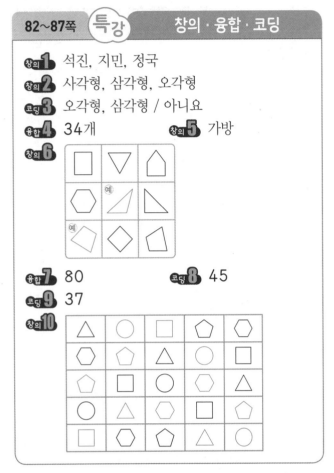

융합7 80   **코딩8** 45
코딩9 37
창의10

창의1 지민이는 농구 경기를 안 본다고 하였으므로 보려는 운동 경기는 축구 또는 야구입니다. 정국이는 야구 경기를 안 본다고 하였으므로 보려는 운동 경기는 축구 또는 농구입니다. 석진이가 농구와 야구를 안 본다고 하였으므로 보려는 운동 경기는 축구입니다.
➡ 석진이는 축구, 지민이는 야구, 정국이는 농구를 보려고 합니다.

창의2 선생님이 그린 도형은 삼각형, 사각형, 오각형입니다. 민호가 그린 도형은 변이 4개인 도형이므로 사각형입니다. 남은 삼각형과 오각형 중 꼭짓점의 수가 2개 더 적은 도형은 삼각형이므로 현우가 그린 도형은 삼각형입니다. 따라서 민호는 사각형, 현우는 삼각형, 성재는 오각형을 그렸습니다.

융합4 (비어 있는 보관함의 수)
=(전체 보관함의 수)
   −(지금 사용 중인 보관함의 수)
=60−26=34(개)

창의5 노란색 판: 56, 초록색 판: 37
합: 56+37=93
➡ 93은 76과 100 사이에 있는 수이므로 수현이가 받을 수 있는 선물은 가방입니다.

창의6 • 맨 윗줄에 있는 세 도형은 사각형, 삼각형, 오각형이므로 변의 수의 합은 4+3+5=12(개)입니다.
• 가운데 줄에 있는 두 도형은 육각형, 삼각형이므로 변의 수의 합은 6+3=9(개)입니다.
  ➡ 세 도형의 변의 수의 합이 12개이므로 빈칸에 알맞은 도형은 12−9=3(개)인 삼각형입니다.
• 맨 아랫줄에 있는 두 도형은 사각형, 사각형이므로 변의 수의 합은 4+4=8(개)입니다.
  ➡ 세 도형의 변의 수의 합이 12개이므로 빈칸에 알맞은 도형은 12−8=4(개)인 사각형입니다.

융합7 ▤▥ → 58, ▭▯ → 22
➡ 58+22=80

코딩8

로봇이 지나온 칸에 쓰여 있는 수: 28, 17
로봇에 표시된 수: 28+17=45
코딩9 오른쪽으로 한 칸 이동: 45+35=80
➡ 아래쪽으로 한 칸 이동: 80−39=41
➡ 오른쪽으로 한 칸 이동: 41+35=76
➡ 아래쪽으로 한 칸 이동: 76−39=37

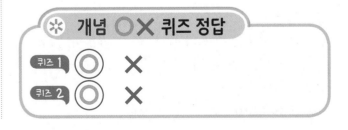

※ 개념 ○✕ 퀴즈 정답

| 퀴즈1 | ◯ |
| 퀴즈2 | ◯ |

3주 · 덧셈과 뺄셈 ~ 길이 재기

✳ 개념 ○✕ 퀴즈

옳으면 ◯에, 틀리면 ✕에 ◯표 하세요.

퀴즈 1

25+18을 계산할 때
25에 10을 먼저 더한 다음 8을
더해서 계산할 수 있습니다.

◯　　　　✕

퀴즈 2

'5 cm'를
'5 센티미터'라고 읽습니다.

◯　　　　✕

정답은 21쪽에서 확인하세요.

90~91쪽　이번 주에는 무엇을 공부할까?②

1-1 (위에서부터) 13, 2
1-2 (위에서부터) 13, 1
2-1 (위에서부터) 9, 6
2-2 (위에서부터) 4, 2
3-1 (◯)　　　3-2 (◯)
　　( )　　　　　( )
4-1 ㉡　　　　　4-2 가

1-1 8+5=8+2+3
　　　　=10+3=13

참고

8+5에서 8을 10으로 만들려면 2가 더 필요합니다.
5를 2와 3으로 가른 후 8에 2를 먼저 더하여 10을 만든
다음 10에 3을 더하면 13이 됩니다.

1-2 4+9=3+1+9
　　　　=3+10=13

참고

4+9에서 9를 10으로 만들려면 1이 더 필요합니다.
4를 3과 1로 가른 후 9에 1을 먼저 더하여 10을 만든
다음 10에 3을 더하면 13입니다.

2-1 16-7=16-6-1
　　　　=10-1
　　　　=9

2-2 12-8=10+2-8
　　　　=2+2
　　　　=4

3-1 한쪽 끝이 맞추어져 있으므로 다른 쪽 끝이 더 튀
　　어나온 것을 찾습니다.

93쪽　개념 · 원리 확인

1-1 (위에서부터) 55, 61
1-2 (위에서부터) 79, 83
2-1 (위에서부터) 30, 43
2-2 (위에서부터) 60, 81
3-1 4, 4, 43　　　3-2 9, 9, 75
4-1 12, 12, 42　　4-2 32, 32, 72

1-1 35+20=55
　　55+6=61

1-2 49+30=79
　　79+4=83

2-1 27+3=30
　　30+13=43

2-2 58+2=60
　　60+21=81

3-1 19에 20을 먼저 더하고 4를 더하는 방법입니다.

참고

19+24
39
43

3-2 46에 20을 먼저 더하고 9를 더하는 방법입니다.

> **참고**
>
> $46+29$
> $\overbrace{\quad}^{}$
> 66
> 75

4-1 14를 2와 12로 가른 후 28에 2를 먼저 더하고 12를 더하는 방법입니다.

> **참고**
>
> $28+14$
> $\overset{}{2 \quad 12}$
> 30
> 42

4-2 35를 3과 32로 가른 후 37에 3을 먼저 더하고 32를 더하는 방법입니다.

> **참고**
>
> $37+35$
> $3 \quad 32$
> 40
> 72

95쪽	개념 · 원리 **확인**
1-1 62, 55	**1-2** 45, 37
2-1 14, 17	**2-2** 21, 27
3-1 7, 7, 45	**3-2** 6, 6, 36
4-1 4, 4, 36	**4-2** 6, 6, 29

1-1 $72-10=62$
$62-7=55$

1-2 $65-20=45$
$45-8=37$

2-1 $50-36=14$
$14+3=17$

2-2 $40-19=21$
$21+6=27$

3-1 82에서 30을 먼저 빼고 7을 빼는 방법입니다.

> **참고**
>
> $82-37$
> 52
> 45

3-2 62에서 20을 먼저 빼고 6을 빼는 방법입니다.

> **참고**
>
> $62-26$
> 42
> 36

4-1 54를 50과 4로 가른 후 50에서 18을 빼고 4를 더하는 방법입니다.

4-2 76을 70과 6으로 가른 후 70에서 47을 빼고 6을 더하는 방법입니다.

96~97쪽	기초 집중 연습

1-1 13, 13, 47   **1-2** 32, 32, 38

2-1 $36+19=36+10+9$
$\quad\quad\ =46+9=55$

2-2 $67+24=67+3+21$
$\quad\quad\ =70+21=91$

3-1 $62-47=62-40-7$
$\quad\quad\ =22-7=15$

3-2 $83-26=80-26+3$
$\quad\quad\ =54+3=57$

기초 (위에서부터) 69, 74

4-1 5, 5, 74   **4-2** 1

4-3 1

1-1 18을 5와 13으로 가르기 하여 계산한 방법입니다.

1-2 36을 4와 32로 가르기 하여 계산한 방법입니다.

4-2 $29+56=29+1+55$
$\quad\quad\ =30+55=85$
➡ ㉠=1

4-3 $71-38=70-38+1$
$\quad\quad\ =32+1=33$
➡ ㉡=1

1-1 35 / 26, 35   1-2 40 / 24, 40
2-1 (1) 41, 14 (2) 52, 19
2-2 (1) 91, 18 (2) 83, 35
3-1 14 / 48, 62   3-2 29 / 29, 56

2-1 (1) 27+14=41   (2) 19+33=52
    41−27=14   52−33=19

참고

2-2 (1) 73+18=91   (2) 48+35=83
    91−73=18   83−35=48

3-1 62−14=48   62−14=48
    48+14=62   14+48=62

3-2 56−27=29   56−27=29
    29+27=56   27+29=56

1-1 ○○○ / 3   1-2 ○○○ / 3
2-1 6   2-2 8
3-1 예 26−□=17   3-2 15+□=42

1-1 구슬 8개에서 11개가 되려면 3개가 더 있어야
    합니다. ➡ □=3

1-2 구슬 9개에서 12개가 되려면 3개가 더 있어야
    합니다. ➡ □=3

2-1 연필 10자루에서 4자루가 남으려면 6자루를 덜
    어 내야 합니다. ➡ □=6

2-2 쿠키 15개에서 7개가 남으려면 8개를 덜어 내야
    합니다. ➡ □=8

1-1 59 / 24   1-2 16, 93 / 16
2-1 (1) 15 (2) 12   2-2 (1) 39 (2) 49
3-1 ㉠   3-2 준희
기초 8
4-1 14+□=22, 8개
4-2 17+□=32, 15개
4-3 18

1-1 24+59=83   24+59=83
    83−59=24   83−24=59

1-2 93−16=77   93−16=77
    77+16=93   16+77=93

2-1 (1) 37+□=52, 52−37=□, □=15
    (2) □+69=81, 81−69=□, □=12

2-2 (1) □+32=71, 71−32=□, □=39
    (2) 46+□=95, 95−46=□, □=49

3-1 22+49=71 < 71−49=22
                 71−22=49

3-2 41−28=13 < 13+28=41
                 28+13=41

기초 22−14=□, □=8

4-1 14+□=22 ➡ 22−14=□, □=8

4-2 17+□=32 ➡ 32−17=□, □=15(개)

4-3 18+□=44 ➡ 44−18=□에서 ㉠=18

1-1 4   1-2 2
2-1 6뼘   2-2 8뼘
3-1 책상   3-2 침대

2-1 지팡이의 길이는 뼘으로 6번이므로 6뼘입니다.

2-2 탁자의 긴 쪽의 길이는 뼘으로 8번이므로 8뼘입니다.

3-1 7>5이므로 책상의 긴 쪽의 길이가 더 깁니다.

3-2 6<9이므로 침대의 긴 쪽의 길이가 더 깁니다.

107쪽	개념·원리 확인
1-1 3	**1-2** 4
2-1 5번	**2-2** 3번
3-1 3번, 4번	**3-2** 2번, 3번

2-1 크레파스의 길이는 클립을 5번 늘어놓은 길이와 같으므로 크레파스의 길이는 클립으로 5번입니다.

2-2 바게트의 길이는 연필을 3번 늘어놓은 길이와 같으므로 바게트의 길이는 연필로 3번입니다.

3-1 색 테이프의 길이는 막대사탕으로 3번, 초콜릿으로 4번입니다.

108~109쪽	기초 집중 연습
1-1 (○) ( )	**1-2** (○) ( )
2-1 6번	**2-2** 5번
3-1 정우	**3-2** 은주
기초 4개	**4-1** 영은
4-2 가	**4-3** 집게

2-1 국자의 길이는 못으로 6번입니다.

3-1 막대의 길이는 뼘으로 2번 재었으므로 2뼘입니다.

3-2 나뭇잎의 길이는 뼘으로 4번이므로 4뼘입니다.

4-1 지수: 4개, 영은: 5개
　➜ 더 길게 연결한 사람은 영은입니다.

4-2 15>12이므로 길이가 더 긴 막대는 가입니다.

4-3 숟가락: 2번, 집게: 5번
　➜ 2<5이므로 집게로 재어 나타낸 수가 더 큽니다.

111쪽	개념·원리 확인
1-1 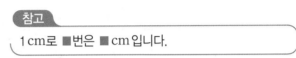	
1-2 2 cm 2 cm 2 cm	
2-1 2 센티미터	**2-2** 7 센티미터
3-1 4, 4	**3-2** 5, 5
4-1 3	**4-2** 6

1-1 1은 크게 쓰고 cm는 작게 씁니다.

1-2 2는 크게 쓰고 cm는 작게 씁니다.

3-1 1 cm로 4번은 4 cm입니다.

> **참고**
> 1 cm로 ■번은 ■ cm입니다.

3-2 1 cm로 5번은 5 cm입니다.

4-1 1 cm로 3번이므로 3 cm입니다.

4-2 1 cm로 6번이므로 6 cm입니다.

113쪽	개념·원리 확인
1-1 0, 2, 4	
1-2	
2-1 ( ) (○)	**2-2** ㉡
3-1 3 cm	**3-2** 5 cm
4-1 4 cm	**4-2** 6 cm

2-1 자와 못을 나란히 놓아야 합니다.

2-2 색 테이프의 한끝을 자의 눈금 0에 맞추고 다른 끝에 있는 자의 눈금을 읽어야 합니다.

3-2 1 cm로 5번이므로 5 cm입니다.

4-1 자의 눈금 3부터 7까지는 1 cm가 4번이므로 색 테이프의 길이는 4 cm입니다.

4-2 자의 눈금 3부터 9까지는 1 cm가 6번이므로 막대사탕의 길이는 6 cm입니다.

114~115쪽	기초 집중 연습

1-1 (예)

1-2 (예)

2-1 5 cm	**2-2** 3 cm
3-1 7 cm	**3-2** 6 cm
4-1 5 cm	**4-2** 4 cm
기초 6	**5-1** 6 cm
5-2 우석	**5-3** 가

1-1 한 칸의 길이가 1 cm이므로 두 칸을 이어서 색칠합니다.

2-1 나무막대의 한끝을 자의 눈금 0에 맞추었을 때 다른 끝에 있는 자의 눈금은 5이므로 나무막대의 길이는 5 cm입니다.

2-2 옷핀의 한끝을 자의 눈금 0에 맞추었을 때 다른 끝에 있는 자의 눈금은 3이므로 옷핀의 길이는 3 cm입니다.

3-1 포크의 한끝을 자의 눈금 0에 맞추었을 때 다른 끝에 있는 자의 눈금이 7이므로 7 cm입니다.

3-2 자석의 길이를 자로 재어 보면 6 cm입니다.

> 참고
> 자석의 한끝을 자의 눈금 0에 맞추었을 때 다른 끝에 있는 자의 눈금을 읽습니다.

4-1 과자의 길이는 자의 눈금 1부터 6까지 1 cm가 5번이므로 5 cm입니다.

> 참고
> 자의 눈금 0부터 잰 것이 아니므로 과자의 길이는 1 cm가 몇 번인지 알아봅니다.
> 1 cm로 ■번이면 ■ cm입니다.

4-2 지우개의 길이는 자의 눈금 2부터 6까지 1 cm가 4번이므로 4 cm입니다.

5-1 연필의 길이는 자의 눈금 3부터 9까지 1 cm가 6번이므로 6 cm입니다.

5-2 밴드의 길이는 자의 눈금 2부터 7까지 1 cm가 5번이므로 5 cm입니다.

5-3 가: 6 cm, 나: 4 cm
→ 6>4이므로 길이가 더 긴 것은 가입니다.

> 참고
> 1 cm가 4번인 길이는 4 cm입니다.

117쪽	개념 · 원리 확인

1-1 약 6 cm	**1-2** 약 3 cm
2-1 약 4 cm	**2-2** 약 6 cm
3-1 약 7 cm	**3-2** 약 7 cm

1-1 6 cm에 가깝습니다.
→ 약 6 cm

1-2 3 cm에 가깝습니다.
→ 약 3 cm

2-1 색연필의 길이는 8 cm에 가깝지만 4 cm부터 재었으므로 약 4 cm입니다.

2-2 크레파스의 길이는 9 cm에 가깝지만 3 cm부터 재었으므로 약 6 cm입니다.

3-1 연필의 길이는 7 cm에 가깝습니다.
→ 약 7 cm

3-2 연필의 길이는 7 cm에 가깝습니다.
→ 약 7 cm

119쪽	개념 · 원리 확인

1-1 (예) 5	**1-2** (예) 4

2-1 (예) 5 cm, 5 cm
2-2 (예) 6 cm, 6 cm

3-1 **3-2** **3-3** **3-4**

1-1 1 cm로 5번 정도 되므로 약 5 cm입니다.

1-2 1 cm로 4번 정도 되므로 약 4 cm입니다.

2-1 1 cm의 길이를 생각하여 어림하고 자로 길이를 재어 봅니다.

> 참고
>
> 어림할 때는 1 cm를 생각하여 보고 1 cm로 몇 번인지 생각합니다.

3-1 공깃돌은 1 cm에 가깝습니다.
손톱깎기는 5 cm에 가깝습니다.

3-2 볼펜은 14 cm에 가깝습니다.
지우개는 4 cm에 가깝습니다.

120~121쪽	기초 집중 연습
1-1 약 5 cm	**1-2** 약 4 cm
2-1 약 6 cm	**2-2** 약 4 cm
3-1 예 3 cm, 3 cm	
3-2 예 6 cm, 6 cm	
4-1 예 —————————————————————	
4-2 예 —————————————————————	
기초 3 cm에 ○표	**5-1** 약 3 cm
5-2 약 7 cm	**5-3** 약 5 cm

1-1 면봉의 길이는 5 cm에 가깝습니다.

1-2 색 테이프의 길이는 4 cm에 가깝습니다.

2-1 자른 빨대의 길이는 6 cm에 가깝습니다.

2-2 땅콩의 길이는 4 cm에 가깝습니다.

4-1 1 cm가 5번 정도 되도록 점선을 따라 선을 긋습니다.

4-2 1 cm가 4번 정도 되도록 점선을 따라 선을 긋습니다.

5-1 붙임딱지의 길이는 3 cm에 가까우므로 약 3 cm입니다.

5-2 막대과자의 길이는 7 cm에 가까우므로 약 7 cm입니다.

5-3 물감의 길이는 5 cm에 가까우므로 약 5 cm입니다.

122~123쪽	누구나 100점 맞는 테스트

1 (○) ( )
2 (위에서부터) 57, 63
3 3
4 5
5 4 cm
6 6번
7 35+□=61
8 29 / 29, 57
9 24, 24, 36
10 20 cm

1
> 참고
>
> 지우개와 크레파스의 길이를 비교하면 길이가 더 짧은 것은 지우개입니다.

2 47+10=57, 57+6=63

> 참고
>
> 16을 10과 6으로 가르기 하여 47에 먼저 10을 더한 다음 6을 더하는 방법입니다.

3 색 테이프의 길이는 뼘으로 3번입니다.
따라서 색 테이프의 길이는 3뼘입니다.

4 1 cm로 5번이므로 5 cm입니다.

> 참고
>
> 1 cm로 ■번이면 ■ cm입니다.

5 1 cm가 4번 들어가므로 4 cm입니다.

> 참고
>
> 초코바의 한끝을 자의 눈금 0에 맞추지 않았으므로 초코바의 길이는 1 cm가 몇 번 들어가는지 알아봅니다.

8 57−29=28

28+29=57
57−29=28

29+28=57

9 64에서 4를 먼저 빼고 24를 빼는 방법입니다.

10 20 cm에 더 가깝기 때문에 약 20 cm입니다.

124~129쪽 특강 창의·융합·코딩

창의1 ③에 ○표 **창의2** ③

융합3 예 약 7 cm, 7 cm /
예 약 8 cm, 8 cm

융합4 과자 **코딩5** 67

창의6 (위에서부터) 35, 19, 43

창의7 예 5, 5 / 예 5, 5 / =

융합8 ㉠ **코딩9** 5, 4, 5

코딩10

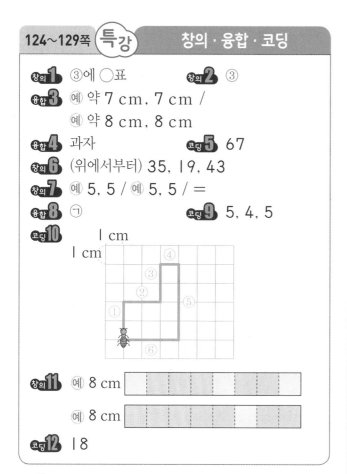

창의11 예 8 cm
예 8 cm

코딩12 18

창의2 장화의 높이보다 더 높은 곳에 넣어야 합니다.

융합3 과자까지는 7 cm, 꿀단지까지는 8 cm이므로
과자가 더 가깝습니다.

코딩5 1번 반복 19+24=43
 2번 반복 43+24=67

창의6 51-16=35, 35-16=19
┌ 35-8=27, 35+8=㊸
└ 51-8=㊸, 51+8=59
➜ 남은 빈 곳은 43을 써넣습니다.

융합8 ㉠: 10 cm, ㉡: 12 cm

코딩12 34-16=18

✳ 개념 ○✗ 퀴즈 정답

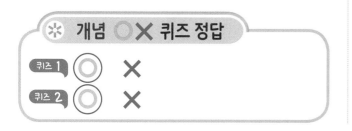

퀴즈 1 ○ ✗
퀴즈 2 ○ ✗

4주· 분류하기 ~ 곱셈

✳ 개념 ○✗ 퀴즈

옳으면 ○에, 틀리면 ✗에 ○표 하세요.

퀴즈 1
분류하는 사람마다 결과가
같으려면 분류 기준이
분명해야 합니다.

○   ✗

퀴즈 2
7의 5배는 7×5로
나타낼 수 있습니다.

○   ✗

정답은 28쪽에서 확인하세요.

정답

풀이

132~133쪽 이번 주에는 무엇을 공부할까?②

1-1 △ 모양 **1-2** ○ 모양
2-1 시계, 동전 **2-2** 공책, 계산기
3-1 60개 **3-2** 80개
4-1 70 **4-2** 90

1-1 뾰족한 부분이 3개인 모양이므로 △ 모양입니다.

1-2 뾰족한 부분이 없는 모양이므로 ○ 모양입니다.

2-1 • 시계: ○ 모양   • 지우개: ☐ 모양
• 동전: ○ 모양   • 트라이앵글: △ 모양

2-2 • 공책: ☐ 모양   • 삼각자: △ 모양
• 거울: ○ 모양   • 계산기: ☐ 모양

3-1 10개씩 묶음 6개이므로 60입니다. ➜ 60개

3-2 10개씩 묶어 보면 10개씩 묶음 8개이므로 80입니다. ➡ 80개

4-1 10개씩 묶음의 수가 1씩 커집니다.
50−60−70−80

4-2 10개씩 묶음의 수가 1씩 커집니다.
70−80−90−100

135쪽	개념 · 원리 확인

1-1 (◯) ( ) **1-2** ( ) (◯)
2-1 (◯) ( ) **2-2** (◯) ( )
3-1 ㉠   **3-2** ㉡

1-1 모양은 모두 같지만 다른 색깔이 있으므로 분류 기준으로 알맞은 것은 색깔입니다.

1-2 색깔은 모두 같지만 다른 모양이 있으므로 분류 기준으로 알맞은 것은 모양입니다.

2-1 오른쪽은 모양이 모두 같으므로 모양을 기준으로 분류하기에 알맞지 않습니다.

2-2 오른쪽은 색깔이 모두 같으므로 색깔을 기준으로 분류하기에 알맞지 않습니다.

3-1 ㉡ 분류 기준이 분명하지 않습니다.

3-2 ㉠ 분류 기준이 분명하지 않습니다.

137쪽	개념 · 원리 확인

1-1 색깔에 ◯표   **1-2** 모양에 ◯표

2-1

파란색	①, ②, ⑤
노란색	③, ④, ⑥

2-2

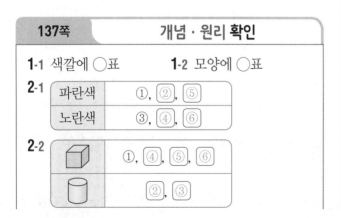

(육면체)	①, ④, ⑤, ⑥
(원기둥)	②, ③

3-1

2개	①, ③, ⑤
4개	②, ④, ⑥

3-2

2개	①, ⑤
4개	②, ③, ④, ⑥

2-1 누름 못을 색깔에 따라 분류합니다.
• 파란색: ①, ②, ⑤ • 노란색: ③, ④, ⑥

2-2 물건을 모양에 따라 분류합니다.
• (육면체): ①, ④, ⑤, ⑥ • (원기둥): ②, ③

3-1 동물을 다리 수에 따라 분류합니다.
• 2개: ①, ③, ⑤ • 4개: ②, ④, ⑥

3-2 탈 것을 바퀴 수에 따라 분류합니다.
• 2개: ①, ⑤ • 4개: ②, ③, ④, ⑥

138~139쪽	기초 집중 연습

1-1 ㉡   **1-2** ㉠
2-1 ㉠, ㉣   **2-2** ㉠, ㉡
3-1

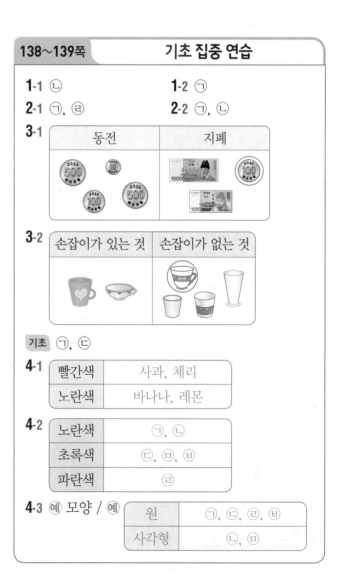

동전	지폐

3-2

손잡이가 있는 것	손잡이가 없는 것

기초 ㉠, ㉢

4-1

빨간색	사과, 체리
노란색	바나나, 레몬

4-2

노란색	㉠, ㉡
초록색	㉢, ㉤, ㉥
파란색	㉣

4-3 예 모양 / 예

원	㉠, ㉢, ㉣, ㉥
사각형	㉡, ㉤

1-1 ㉠ 분류 기준이 분명하지 않습니다.

1-2 ㉡ 분류 기준이 분명하지 않습니다.

2-1 붙임딱지를 빨간색과 노란색으로 분류할 수 있습니다.

2-2 머리핀을 ⚲ 모양과 ♡ 모양으로 분류할 수 있습니다.

3-1 지폐로 분류한 100은 동전이므로 잘못 분류했습니다.

3-2 손잡이가 없는 것으로 분류한 ☕은 손잡이가 있으므로 잘못 분류했습니다.

기초 빨간색 신발은 ㉠, ㉢입니다.

4-1 과일을 색깔에 따라 분류합니다.
• 빨간색: 사과, 체리   • 노란색: 바나나, 레몬

4-2 단추를 색깔에 따라 분류합니다.
• 노란색: ㉠, ㉡   • 초록색: ㉢, ㉤, ㉥
• 파란색: ㉣

4-3 단추를 구멍 수에 따라 분류할 수도 있습니다.

구멍 2개	㉡, ㉢, ㉣
구멍 4개	㉠, ㉤, ㉥

2-2

색깔	노란색	보라색
티셔츠의 수(장)	4	4

3-1

무늬	무늬가 없는 것	무늬가 있는 것
우산 수(개)	4	4

3-2

팔 길이	짧은 팔	긴 팔
티셔츠의 수(장)	5	3

1-1 과일별로 ∨, ○, × 표시를 하여 빠뜨리거나 두 번 세지 않도록 합니다.

1-2 학용품별로 ∨, ○, × 표시를 하여 빠뜨리거나 두 번 세지 않도록 합니다.

2-1 우산을 색깔에 따라 분류하여 세어 보면 초록색이 1개, 분홍색이 3개, 노란색이 4개입니다.

2-2 티셔츠를 색깔에 따라 분류하여 세어 보면 노란색이 4장, 보라색이 4장입니다.

3-1 우산을 무늬에 따라 분류하여 세어 보면 무늬가 없는 것이 4개, 무늬가 있는 것이 4개입니다.

3-2 티셔츠를 팔 길이에 따라 분류하여 세어 보면 짧은 팔이 5장, 긴 팔이 3장입니다.

정답

풀이

141쪽 개념 · 원리 확인

1-1

과일	귤	사과	복숭아
세면서 표시하기	灰	灰	灰
과일 수(개)	1	4	3

1-2

학용품	지우개	풀	가위
세면서 표시하기	灰	灰	灰
학용품 수(개)	3	3	2

2-1

색깔	초록색	분홍색	노란색
우산 수(개)	1	3	4

143쪽 개념 · 원리 확인

1-1

색깔	빨간색	노란색	초록색
세면서 표시하기	灰	灰	灰
화분 수(개)	5	4	3

1-2

종류	우유	주스	사이다	콜라
세면서 표시하기	灰	灰	灰	灰
학생 수(명)	4	5	2	4

2-1 빨간색에 ○표   **2-2** 주스에 ○표

3-1 초록색에 ○표   **3-2** 사이다에 ○표

2-1 화분 수가 가장 많은 색깔을 찾습니다. ➡ 빨간색

2-2 학생 수가 가장 많은 음료를 찾습니다. ➡ 주스

3-1 화분 수가 가장 적은 색깔을 찾습니다. ➡ 초록색

3-2 학생 수가 가장 적은 음료를 찾습니다. ➡ 사이다

144~145쪽	기초 집중 연습

1-1

모양	★	♡	◆
붙임딱지 수(개)	3	3	4

1-2

종류	오이	배추	당근
학생 수(명)	3	5	2

2-1 과학 **2-2** 배

3-1 이야기, 만화 **3-2** 13명

기초 3개 **4-1** 4개

4-2 6개 **4-3** 6명

3-1 이야기와 만화가 각각 7권으로 책의 수가 같습니다.

3-2 사과: 7명, 귤: 6명 ➡ 7+6=13(명)

기초

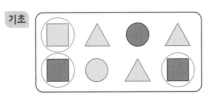

색깔에 상관없이 모양에 따라 분류하여 세어 봅니다.

모양	사각형	삼각형	원
개수(개)	3	3	2

➡ 사각형: 3개

4-1

➡ 노란색 젤리: 4개

모양에 상관없이 색깔에 따라 분류하여 세어 봅니다.

색깔	노란색	파란색	빨간색
젤리 수(개)	4	3	3

4-2

➡ 숫자 자석: 6개

색깔에 상관없이 종류에 따라 분류하여 세어 봅니다.

종류	숫자	글자
자석 수(개)	6	4

4-3

➡ 안경을 쓴 학생: 6명

다른 분류 기준에 상관없이 안경을 쓰고, 안 쓰고에 따라 분류하여 세어 봅니다.

분류 기준	안경을 씀.	안경을 안 씀.
학생 수(명)	6	4

147쪽	개념 · 원리 확인

1-1 3, 4 / 4 **1-2** 2, 3, 4, 5 / 5

2-1 6 / 6 **2-2** 8 / 8

3-1 5, 10 **3-2** 6, 18

4-1 7개 **4-2** 14개

2-1 2씩 뛰어서 세면 2−4−6으로 은행잎은 모두 6장입니다.

2-2 4씩 뛰어서 세면 4−8로 딸기는 모두 8개입니다.

3-1 2씩 5묶음이므로 공은 모두 10개입니다.

3-2 3씩 6묶음이므로 토끼는 모두 18마리입니다.

4-1 하나씩 세면 1, 2, 3, 4, 5, 6, 7로 화분은 모두 7개입니다.

4-2 • 2씩 뛰어서 세면 2−4−6−8−10−12−14로 토마토는 모두 14개입니다.
• 2씩 7묶음이므로 토마토는 모두 14개입니다.

149쪽 　　　　　**개념·원리 확인**

1-1 5 / 12, 15 / 15
1-2 3 / 15 / 15
2-1 4 / 12, 16 / 16
2-2 4 / 18, 24 / 24
3-1 예 / 4, 12
3-2 예 / 6, 12

2-2 6씩 4묶음이므로 별은 모두 24개입니다.

3-1 3씩 4묶음이므로 단추는 모두 12개입니다.
3-6-9-12 ➡ 12개

3-2 2씩 6묶음이므로 단추는 모두 12개입니다.
2-4-6-8-10-12 ➡ 12개

150~151쪽 　　　　**기초 집중 연습**

1-1 3개 　　　　　**1-2** 6개
2-1 8, 12 / 12대 　**2-2** 10 / 10개
3-1 ⑴ 3묶음 ⑵ 18개
3-2 ⑴ 2묶음 ⑵ 14송이
기초 예
4-1 예 / 3, 9
4-2 예
　　　/ 6, 24
4-3 방법1 예
　　　　/ 2, 16
　　　방법2 예
　　　　/ 8, 16

2-1 4씩 뛰어서 세면 4-8-12로 자동차는 모두 12대입니다.

2-2 5씩 뛰어서 세면 5-10으로 우산은 모두 10개입니다.

3-1 ⑴ 6씩 묶으면 3묶음입니다.
⑵ 구슬은 6씩 3묶음이므로 18개입니다.

3-2 ⑴ 7씩 묶으면 2묶음입니다.
⑵ 튤립은 7씩 2묶음이므로 14송이입니다.

4-1 3씩 3묶음이므로 빵은 모두 9개입니다.
3-6-9 ➡ 9개

4-2 4씩 6묶음이므로 카네이션은 모두 24송이입니다.
4-8-12-16-20-24 ➡ 24송이

4-3 방법1 8-16 ➡ 16개
　　　방법2 2-4-6-8-10-12-14-16
　　　➡ 16개

153쪽 　　　　**개념·원리 확인**

1-1 7 　　　　　**1-2** 4
2-1 16, 4 　　　**2-2** 12, 6
3-1 4, 4, 12 　　**3-2** 4, 8
4-1 예 ○○○○○○ , 4개
4-2 예 ○○○○○○○○○○○○ , 6개

1-1 2씩 7묶음은 2의 7배입니다.

1-2 3씩 4묶음은 3의 4배입니다.

2-1 4씩 4묶음 ┐ ➡ 16
　　4의 4배 ┘

3-1 4의 3배 ➡ 4+4+4=12
　　　　　　　└3번┘

3-2 4의 2배 ➡ 4+4=8
　　　　　　　└2번┘

4-1 2의 2배는 4개입니다.

4-2 3의 2배는 6개입니다.

정답 및 풀이

3-1 14는 2씩 7묶음 ➡ 14는 2의 7배

3-2 12는 4씩 3묶음 ➡ 12는 4의 3배

4-1 4의 4배는 4+4+4+4=16입니다.

4-2 6의 2배는 6+6=12입니다.

5-1 2의 5배는 2+2+2+2+2=10입니다.
➡ 10개

5-2 5의 6배는 5+5+5+5+5+5=30입니다.
➡ 30개

5-3 7의 4배는 7+7+7+7=28입니다. ➡ 28개

155쪽	개념·원리 확인
1-1 2, 2	**1-2** 4, 4
2-1 2	**2-2** 3
3-1 3배	**3-2** 5배
4-1 2배	**4-2** 3배

1-1 6을 3씩 묶으면 2묶음이 됩니다.
6은 3씩 2묶음 ➡ 6은 3의 2배

1-2 12를 3씩 묶으면 4묶음이 됩니다.
12는 3씩 4묶음 ➡ 12는 3의 4배

2-1 10은 5씩 2묶음 ➡ 10은 5의 2배

2-2 18은 6씩 3묶음 ➡ 18은 6의 3배

3-1 6은 2씩 3묶음 ➡ 6은 2의 3배

3-2 10은 2씩 5묶음 ➡ 10은 2의 5배

4-1 4는 2씩 2묶음 ➡ 4는 2의 2배

4-2 9는 3씩 3묶음 ➡ 9는 3의 3배

156~157쪽	기초 집중 연습
1-1 24개	**1-2** 18개
2-1 3 / 5, 5, 15	**2-2** 4 / 6, 6, 6, 24
3-1 7배	**3-2** 3배
4-1 16	**4-2** 12

연산 2, 2, 2, 10
5-1 2, 2, 2, 10 / 10개
5-2 5+5+5+5+5+5=30, 30개
5-3 7+7+7+7=28, 28개

1-1 8씩 3묶음은 24입니다. ➡ 24개

1-2 3씩 6묶음은 18입니다. ➡ 18개

2-1 5씩 3묶음은 5의 3배이고, 덧셈식으로 나타내면 5+5+5=15입니다.

2-2 6씩 4묶음은 6의 4배이고, 덧셈식으로 나타내면 6+6+6+6=24입니다.

159쪽	개념·원리 확인
1-1 4	**1-2** 5, 5
2-1 2, 2, 8 / 4, 8	**2-2** 4, 4, 12 / 3, 12
3-1 8, 24	**3-2** 6, 7, 42
4-1 8	**4-2** 16

1-1 3의 4배 ➡ 3×4

1-2 5의 5배 ➡ 5×5

2-1 2씩 4묶음을 덧셈식으로 나타내면
2+2+2+2=8이고, 곱셈식으로 나타내면
2×4=8입니다.

2-2 4씩 3묶음을 덧셈식으로 나타내면
4+4+4=12이고, 곱셈식으로 나타내면
4×3=12입니다.

3-1 3 곱하기 8은 24와 같습니다.
➡ 3×8=24

3-2 6 곱하기 7은 42와 같습니다.
➡ 6×7=42

4-1 4의 2배 ➡ 4×2=8

4-2 4의 4배 ➡ 4×4=16

1-1 (1) (○) (　　)
　　(2) 7, 21 / 3, 21
1-2 (1) (　　) (○)
　　(2) 5, 5, 20 / 4, 20
2-1 3 / 3, 15　　**2-2** 2 / 2, 16
3-1 5, 2　　　　　**3-2** 3, 2

2-1 5의 3배 ➡ 5×3=15

3-1 2씩 5묶음 ➡ 2의 5배 ➡ 2×5=10
　　5씩 2묶음 ➡ 5의 2배 ➡ 5×2=10

3-2 6씩 3묶음 ➡ 6의 3배 ➡ 6×3=18
　　9씩 2묶음 ➡ 9의 2배 ➡ 9×2=18

1-1 6, 30　　　　　**1-2** 4, 28
2-1 5, 25, 25　　　**2-2** 6, 18, 18
3-1 ㉠　　　　　　　**3-2** ㉡
4-1 4 / 2, 12　　　 **4-2** 7 / 2, 14
연산 4 / 8, 8, 8, 32 / 4, 32
5-1 4, 32 / 32장
5-2 9×5=45, 45개
5-3 43개

4-1

　3씩 4묶음 ➡ 3의 4배 ➡ 3×4=12

　6씩 2묶음 ➡ 6의 2배 ➡ 6×2=12

4-2

　2씩 7묶음 ➡ 2의 7배 ➡ 2×7=14

　7씩 2묶음 ➡ 7의 2배 ➡ 7×2=14

5-1 (색종이의 수)
　　=(한 묶음에 있는 색종이의 수)×(묶음 수)
　　=8×4=32(장)

5-2 (빵의 수)
　　=(한 상자에 있는 빵의 수)×(상자 수)
　　=9×5=45(개)

5-3 (봉지에 있는 사과 수)
　　=(한 봉지에 있는 사과 수)×(봉지 수)
　　=5×8=40(개)
　　(정석이가 산 사과 수)
　　=(봉지에 있는 사과 수)+(낱개 3개)
　　=40+3=43(개)

1 6, 8 / 8　　　　　**2** 3, 3
3 모양에 ○표　　　 **4** 3 / 9, 9, 27
5

캔류	비닐류	종이류
음료수 캔, 통조림	비닐봉지, 라면 봉지	공책, 택배 종이 상자

6

종류	막대	콘	컵
세면서 표시하기	〴〴〴	〴〴〴	〴〴〴
아이스크림 수(개)	4	3	2

7 막대　　　　　　　 **8** ㉠, ㉢
9 4배　　　　　　　 **10** 30개

3 교통표지를 동그란 모양과 세모 모양으로 분류한 것입니다.

4 9씩 3묶음 ➡ 9의 3배 ➡ 9+9+9=27

6 아이스크림을 종류에 따라 분류하여 〴〴〴로 표시하며 셉니다.

7 가장 많은 아이스크림은 4개가 있는 막대 아이스크림입니다.

8 6의 4배를 덧셈식으로 나타내면
ⓐ 6+6+6+6이고, 곱셈식으로 나타내면
ⓑ 6×4입니다.

9 28은 7씩 4묶음이므로 7의 4배입니다.

10 주어진 모양을 한 개 만드는 데 필요한 성냥개비
는 5개입니다.
따라서 같은 모양을 6개 만들려면 5의 6배는
5×6=30이므로 필요한 성냥개비는 모두 30
개입니다.

166~171쪽 특강 | **창의 · 융합 · 코딩**

융합1 (○) ( ) ( )

융합2 펭귄, 독수리, 타조, 까치

창의3 6, 9, 12, 15 / 15개

창의4 (1) 9 (2) 2, 8

창의5

7의 2배	••••••	7×2
7씩 2묶음	14	~~7+7+7~~

, 7+7

창의6

5×3	5의 3배	~~5씩 2묶음~~
15	5+5+5	••••••••••

, 5씩 3묶음

창의7

학용품	공책, 물감, 지우개
식품	딸기, 사과, 당근
전자 제품	선풍기

창의8 2층

융합9 (1) 2 (2) 2 (3) 4

코딩10 27

코딩11

얼굴이 동그란 모양인가요?
- 예 → ①, ④, ⑤, ⑧
- 아니요 → ②, ③, ⑥, ⑦

①, ④, ⑤, ⑧ → 뿔이 2개인가요?
- 예 → ④, ⑧
- 아니요 → ①, ⑤

②, ③, ⑥, ⑦ → 뿔이 2개인가요?
- 예 → ②, ⑥
- 아니요 → ③, ⑦

/ ④, ⑧

융합2

다리가 없는 동물	뱀
다리가 2개인 동물	펭귄, 독수리, 타조, 까치
다리가 4개인 동물	호랑이, 사자, 고양이

창의3 3씩 뛰어서 세면 3−6−9−12−15로 케
이크 5개에 꽂은 꽃 장식은 모두 15개입니다.

창의5 •••••••• ➡ 7씩 2묶음 ➡ 7의 2배
➡ 덧셈식: 7+7=14
➡ 곱셈식: 7×2=14

창의6 •••••••••••••• ➡ 5씩 3묶음 ➡ 5의 3배
➡ 덧셈식: 5+5+5=15
➡ 곱셈식: 5×3=15

창의8 학용품, 전자 제품(3층), 식품(1층)이므로 가지
않아도 되는 층은 2층입니다.

융합9 (1) 4는 2의 2배입니다.
(2) 6은 3의 2배입니다.
(3) 8은 2의 4배입니다.

코딩10

① 4×2=8 ② 8×2=16 ③ 16−7=9
④ 9×3=27

※ 개념 ○✕ 퀴즈 정답

퀴즈1 ○ ✕

퀴즈2 ○ ✕

퀴즈1 분류하는 사람마다 결과가 같으려면 분류 기준
이 분명해야 하므로 옳은 말입니다.

퀴즈2 7의 5배는 7×5로 나타낼 수 있으므로 옳은
말입니다.

천재교과서

milk T

공 부 잘 하 는 아 이 들 의 비 결

성적이
오르는
천재적
공부법
밀크T

학년이 더 – 높아질수록
꼭 필요한 성적이 오르는 공부법

초등 교과 학습 전문 최정예 강사진

국 · 영 · 수 수준별 심화학습

최상위권으로 만드는 독보적 콘텐츠

우리 아이만을 위한 정교한 AI 1:1 맞춤학습

1:1 초밀착 관리 시스템

www.milkt.co.kr | 1577-1533

성적이 오르는 공부법
무료체험 후 결정하세요!

정답은
이안에
있어!

수학 전문 교재

● 연산 학습

빅터연산	예비초~6학년, 총 20권
창의융합 빅터연산	예비초~4학년, 총 16권

● 개념 학습

개념클릭 해법수학	1~6학년, 학기용

● 수준별 수학 전문서

해결의법칙(개념/유형/응용)	1~6학년, 학기용

● 단원평가 대비

수학 단원평가	1~6학년, 학기용
밀등전략 초등 수학	1~6학년, 학기용

● 단기완성 학습

초등 수학전략	1~6학년, 학기용

● 상위권 학습

최고수준 S 수학	1~6학년, 학기용
최고수준 수학	1~6학년, 학기용
최강 TOT 수학	1~6학년, 학년용

● 경시대회 대비

해법 수학경시대회 기출문제	1~6학년, 학기용

예비 중등 교재

● 해법 반편성 배치고사 예상문제	6학년
● 해법 신입생 시리즈(수학/영어)	6학년

맞춤형 학교 시험대비 교재

● 멸공 전과목 단원평가	1~6학년, 학기용(1학기 2~6년)

한자 교재

● 한자능력검정시험 자격증 한번에 따기	8~3급, 총 9권
● 씸씸 한자 자격시험	8~5급, 총 4권
● 한자 전략	8~5급II, 총 12권

이쯤에서 실력체크

수학 단원평가

각종 학교 시험, 한 권으로 끝내자!

수학 단원평가

초등 1~6학년(학기별)

쪽지시험, 단원평가, 서술형 평가 등 다양한 수행평가에 맞는 최신 경향의 문제 수록
A, B, C 세 단계 난이도의 단원평가로 실력을 점검하고 부족한 부분을 빠르게 보충 가능
기본 개념 문제로 구성된 쪽지시험과 단원평가 5회분으로 확실한 단원 마무리